novum pro

WILLI MEINDERS

KALTE KERN REAKTION

DIE **SAUBERSTE** UND **BILLIGSTE** ENERGIE STEHT BEREIT

novum pro

www.novumverlag.com

Bibliografische Information
der Deutschen Nationalbibliothek:

Die Deutsche Nationalbibliothek
verzeichnet diese Publikation in
der Deutschen Nationalbibliografie.
Detaillierte bibliografische Daten
sind im Internet über
http://www.d-nb.de abrufbar.

Alle Rechte der Verbreitung,
auch durch Film, Funk und Fernsehen,
fotomechanische Wiedergabe,
Tonträger, elektronische Datenträger
und auszugsweisen Nachdruck,
sind vorbehalten.

© 2021 novum Verlag

ISBN 978-3-99107-698-8
Lektorat: Leon Haußmann
Umschlagfotos: Boonmee Kimhueng,
Michael Piepgras | Dreamstime.com
Umschlaggestaltung, Layout & Satz:
novum Verlag

Gedruckt in der Europäischen Union
auf umweltfreundlichem, chlor- und
säurefrei gebleichtem Papier.

www.novumverlag.com

*Für meine Frau,
die mir geduldig zur Seite gestanden hat.*

Inhaltsverzeichnis

Vorwort Prof. Dr. Theo Almeida Murphy ... 9
Vorwort Dipl.-Phys. Dirk Schadach 13
Einleitung 15
Der unwillkommene Segen 23
Der Teufel riecht nach Schwefel
   und Atome sind gefährlich 33
Atomenergie 37
Annäherung an die Kalte Fusion 47
Heiß – oder Kalt? 55
So fing alles an 57
Gewinninteressen 59
Die Kalte Fusion und die Wissenschaft 69
Kalte Fusion in den USA
   und anderen Staaten 71
Die Kalte Fusion und das Massachusetts
   Institute of Technology (MIT) 73
Pamela Mosier-Boss
   und Lawrence Forsley 85
Dr. Andrea Rossi 89
Das „Lugano-Gutachten" 95
LENR und Carl Page 109
Rossi und die „Trolle" 113
Norront-Fusion-Energy 137
Deutungshoheit 141

Die tiefgreifende Krise der Physik	153
Transmutation von Elementen mit LENR	157
Ein Überblick über die LENR-Forschung in den USA	163
Europa und die Kalte Fusion	167
Die besondere Rolle der NASA	183
Airbus und die Kalte Fusion	189
Abgrenzung der Kalten Kernfusion zur sog. „Wasserstoffwirtschaft"	199
Erhebliche Behinderungen meiner LENR-Aktivitäten	203
Kalte Fusion in Japan und China	211
LENR in China	223
Kalte Kernfusion in Russland	227
Die Kalte Fusion und die Finanzwelt	239
Mini-Reaktoren der Kernspaltung auch in den USA	245
Wikipedia – Lügen mit System	249
Wozu ich beitragen möchte	257
Es ist genug für alle da	261
Glossar	267
Weitere wichtige Links	271
Anhang, verfasst von Dipl. Physiker Dirk Schadach	273

Vorwort
Prof. Dr. Theo Almeida Murphy

Am 23. März 1989 berichtete Martin Fleischmann im Rahmen einer Pressekonferenz, zusammen mit seinem Kollegen und Schüler Stanley Pons, von Experimenten, bei denen eine Kalte Kernfusion beobachtet worden sei. Diese Meldung erreichte mich während meines Studiums der Physik in Marburg, Hessen. Beide Herren hatten sich damit die Finger verbrannt, zu früh wurde der Effekt ohne gesicherte Ergebnisse bekannt gegeben, denn die Ergebnisse ließen sich zunächst nicht replizieren. So erhielt dann die Forschung über die „Kalte Fusion" den verheerenden Stempel „Junk Science".

Der Name Cold Fusion wurde jedoch schnell etabliert und immer wieder konnte man über sporadische Entwicklungen in Laboratorien überall in der Welt lesen. Nachdem jedoch viele Forschungsgruppen vergeblich versucht hatten, das Experiment zu reproduzieren, wurde die Hoffnung auf unerschöpfliche saubere Energie schnell zunichte gemacht. Seitdem trauten viele Wissenschaftler sich nicht mehr mit dem Thema zu beschäftigen, da es eine „Kalte" Kernfusion nicht geben darf. Aber es wurde im Verborgenen weiter geforscht. Insgesamt wurde der Energiegewinn mit Hilfe der Kalten Fusion (oder auch LENR genannt) über 200 Mal nachgewiesen. Fleischmann und Pons hat das jedoch nicht mehr geholfen.

Interessant ist zu lesen, dass der Google Gigant 10 Millionen US-Dollar innerhalb von 4 Jahren für Forschungsaktivitäten der Kalten Fusion ausgegeben hatte. Die Ergebnisse wurden in der Zeitschrift Nature im Jahr 2019 publiziert. Das ist nicht lange her. Was war das Ergebnis? Es klappte auch dort nicht – so kommentierten die Wissenschaftler: „Um Durchbrüche zu finden, muss man Risiken eingehen, und wir sind der Meinung, dass die Wiederaufnahme der Kalten Fusion ein Risiko ist, das es wert ist, eingegangen zu werden". Wie ist dieser Widerspruch zwischen nachweisbaren Ergebnissen und wenig erfolgreicher Forschung zu erklären: Die seit Jahrzehnten erzielten Erfolge in Form von Überschuss-Energie waren nicht Ergebnisse der Grundlagenforschung, sondern zum großen Teil zufällige Entdeckungen.

Die Frage ist nicht „existiert die Kalte Fusion", sondern „wie können wir die Kalten Fusionseffekte stabilisieren und reproduzieren?" Ein Reaktor in Tischgröße, der Energie ohne Radioaktivität erzeugt – das klingt zu schön, um wahr zu sein, und doch – die Indizien mehren sich.

Eine Kombination aus drei Faktoren: Die Anhäufung glaubwürdiger experimenteller Ergebnisse in den letzten 30 Jahren, die Lösung einiger wichtiger Fragen zur Reproduzierbarkeit und eine sich entwickelnde Technologiebasis wird die Kalte Fusion an die Schwelle des Durchbruchs katapultieren.

Die großen Akteure investieren im Stillen beträchtliche Summen in die Erforschung der Kalten Fusion und positionieren sich damit für das, was sich als ein entscheidender Wendepunkt in der globalen Energieszene herausstellen könnte. Japan und die Vereinigten Staaten sind weit voraus.

Der Autor beschäftigt sich nicht mit den technisch-physikalischen Fortschritten im Detail, sondern dokumentiert die erzielten Ergebnisse, in Form von Patenten, Gutachten und erfolgreichen Versuchen. Vor allen Dingen widmet er sich aber auch den Begleitumständen, die den Erfolg der Kalten Fusion bis heute behindert und verhindert haben. Das Buch verfolgt den Zweck, Politik und Öffentlichkeit für diese bahnbrechende Technologie zu interessieren. Denn sie verspricht: Unendliche, saubere und billige Energie.

Vorwort
Dipl.-Phys. Dirk Schadach

Dieses Buch bietet eine sehr spannende und einfühlsam erzählte Geschichte „rund um die Kalte Fusion". Genauer gesagt berichtet dieses Buch auf eine übersichtliche und leicht nachvollziehbare Weise über drei Ausschnitte aus dem großen Wissenschafts-Drama „Kalte Fusion". Es gibt noch andere Aspekte, physikalische Zusammenhänge, verleugnete und totgeschwiegene wissenschaftliche Forschungsergebnisse und technische Entwicklungen auf diesem Gebiet.

Das wäre für den Einstieg jedoch zu viel. Daher ist die Fokussierung auf drei wesentliche Ausschnitte „Entdeckung der Kalten Fusion durch Fleischmann und Pons", „technische Nutzbarmachung mit dem E-Cat von A. Rossi" und „energietechnische Revolution der schrumpfenden Atome von Blacklight-Power (R. Mills)" in der ersten Hälfte des Buches überaus sinnvoll. So bleibt die Geschichte „rund um die Kalte Fusion" für jede Interessierte und jeden Interessierten gut verständlich.

Das ist in dem hier erbrachten Umfang in deutscher Sprache bisher einzigartig und überaus wissenswert.

Ich bedanke mich bei den Diplom-Physikern Jürgen Axmann und Dirk Schadach für Ihre Korrektur-Lesungen.

Für seine langjährige Vorarbeit und Kooperation bedanke ich mich bei Dr. Reiner Seibt

und für seine Unterstützung bedanke ich mich bei Herrn Patentanwalt Kurt Kappner.

Einleitung

Ich habe als Titel für mein Buch „Kalte Kernreaktion" gewählt, weil ich über Jahre den Begriff „coldreaction.net" für meinen Blog verwendet habe. Man weiß nicht, wie man das Phänomen der „Kalten Kernreaktion" oder „Kalten Kernfusion", auch genannt „Low Energy Nuclear Reaction" oder „anomaler Hitzeeffekt" einheitlich nennen soll, denn die theoretischen Grundlagen sind nicht völlig klar. Der Physiker und Friedensnobelpreisträger Andrej Sacharow prägte den Begriff „Kalte Kernfusion", der sich weithin als historisch begründeter Arbeitsbegriff eingebürgert hat. Eines steht jedoch seit langem fest: Die verschiedenen Begriffe bezeichnen ein Phänomen, bei dem Geräte sog. „Überschussenergie" liefern, d. h. sie erzeugen erheblich mehr Energie, als ihnen zugeführt wird.

Dieses Buch ist kein Beitrag zur wissenschaftlichen Diskussion über die sog. „Kalte Fusion". Es beschaftigt sich vielmehr mit den Chancen dieser Technologie aus der Sicht des Verbrauchers und des Umweltschutzes. So nimmt zwar der physikalisch-technische Aspekt der Kalten Fusion breiten Raum ein, aber gerade so viel wie der Laie für einen Zugang zu dem Thema braucht. Und welche Fragen das sind, habe ich durch meine wenigen Seminare, unzählige Mails und Anrufe gelernt. Auch der Laie benötigt ein Grundverständnis für die Technologie der Kalten Kernreaktion, damit er die Tragweite des Themas für sich selbst und die Gesellschaft erkennt. Nur auf diesem Wege kann sich politischer Druck aufbauen, der letztendlich zu einer sehr viel stärkeren politischen Unterstützung dieser Technologie führt. Deshalb ist es notwendig, nicht nur diese Technologie zu behandeln, sondern auch das politisch-wirtschaftlich-wissenschaftliche Umfeld. Bei dieser Sichtweise stellt sich zwangsläufig die Frage, wie es sein kann, dass die Kalte Fusion in vielen Ländern immer noch behindert wird und manche Wissenschaftler bis heute auf der Position des Herrn Palmström im Gedicht von Christian Morgenstern („Die unmögliche Tatsache") verharren, den er in der letzten Strophe sagen lässt: „Und er kommt zu dem Ergebnis: Nur ein Traum war das Erlebnis. Weil, so schließt er messerscharf, nicht sein kann, was nicht sein darf". Was verspricht die Kalte Kernfusion: **Saubere, billige, abfallfreie, ressourcenschonende, landschaftsschonende, strahlungsfreie und dezentrale Energie. Was will man mehr.**

Das Buch stellt auch die Frage, warum ausgerechnet ein ressourcenarmes Land wie Deutschland in dieser Technologie sich erst jetzt, **nachdem** die EU ein Forschungsprogramm aufgelegt hat, diesem Gebiet zuwendet. Zur gleichen Zeit ist ein Unternehmen dieser Technologie in den USA bereits in einen Energiekonzern eingegliedert und arbeitet am Markteintritt und in Japan geschieht dies ebenfalls. Die Märkte für die Technologie sind mittlerweile weitgehend geschlossen, weil schon vor Jahren weltweit Patente erteilt wurden. Hier im Buch erwähne ich einige wichtige Patente und Gutachten, die die Diskussion über die Kalte Fusion wesentlich bestimmt haben. Darüber hinaus gibt es allerdings zahlreiche weitere Patente, Gutachten, Replikationen und Demonstrationen der Technologie der „KF".

Die Versäumnisse von Wissenschaft und Politik in Deutschland sind markant, die sich daraus ergebenden Fragen sind unangenehm. Aber diese Fragen müssen gestellt werden, weil sich sonst kein Gesamtbild der Situation um die Kalte Fusion ergibt. Die Lage um die Kalte Fusion erfordert klare Worte; falsche Rücksichtnahmen, **Denk- und Handlungsverbote haben Verbraucher und Umwelt um zwanzig bessere Jahre betrogen. Die aktiven und passiven Verhinderer**

der Kalten Fusion haben einen riesigen Schaden angerichtet. Oder, wie es der Autor Brian Westenhaus sagt: **„Die Wissenschaftler, die sich in Demoralisierung, wegwerfender und charaktervernichtender Art engagiert haben, haben mehr Unheil angerichtet als jede andere Ansammlung von Betrügern sich hätte ausmalen können".** Wie es zu diesem harten Urteil kommt, werden Sie in den nächsten Kapiteln erfahren.

Überall auf der Welt, vielleicht weniger in Japan, ist die Entwicklung der Kalten Fusion behindert worden. Ich stelle Fragen nach dem „warum" und muss keine Rücksichten nehmen, weil ich weder politisch, wirtschaftlich noch wissenschaftlich einer „Community" angehöre. Ich fühle mich einzig und allein den Verbrauchern und der Umwelt verpflichtet. Ich bitte um Verständnis, wenn ich immer wieder meine Verärgerung über die herrschenden Zustände in Politik und Wissenschaft erkennen lasse. Die Technologie war seit Jahren da, aber sie wurde als „Phänomen" behandelt, eben weil man sie nicht verstand oder nicht verstehen wollte. Aber sie hätte schon viel früher genutzt werden können. Nach der Logik mancher Wissenschaftler hätten die frühen Menschen keine Feuer entzünden dürfen, denn sie verstanden ja die komplexen chemisch-physikalischen Zusammenhänge dieses Vorgangs gar nicht. Die Dampfmaschine wurde genutzt, bevor es die Wissenschaft der Thermodynamik überhaupt gab, der Röntgenapparat wurde genutzt, bevor die Wissenschaft ihn wirklich verstanden hatte. Auch die Kalte Fusion hätte schon lange genutzt werden können: Der massive Energiegewinn war unbestritten und ebenso war absolut sicher, dass es keinerlei schädliche Emissionen gab. Aber viele Physiker haben die Erforschung und Nutzung des „Phänomens Kalte Fusion" verhindert, weil sie es nicht verstanden. Die massiven Vorteile für Verbraucher und Umwelt waren ihnen dabei nicht wichtig genug, viel wichtiger war ihnen der Erhalt ihrer Deutungshoheit. Sie haben damit den Profiteuren der Karbon-Industrie in die Hände gespielt.

In frühen Zeiten der Wissenschaft waren praktisch alle Erfindungen ein Ergebnis von Versuch und Irrtum. Mit zunehmenden technischen, mathematischen und methodischen Fortschritten etablierte sich die sog. „Grundlagenforschung". Ein wichtiger Fortschritt, der aber gleichzeitig eine Art „Alleinvertretungsanspruch" bei Erfindungen entstehen ließ und da haben „Phänomene" keinen Platz. Die Patentämter weltweit folgen diesem Anspruch zum Glück **nicht** und so kommt es, dass zahlreiche Patente zur Kalten Fusion erteilt wurden. – Was die Physik angeht erlaube ich mir, „ungenau" zu sein. Es geht mir darum, Nichtfachleuten das Thema „Kalte Fusion" durch einfache, verständliche Erklärungen näherzubringen. Es ist also völlig egal, ob in einem Anion oder Kation weniger oder mehr Elektronen beheimatet sind. Es geht mir um die Darstellung der Zusammenhänge, um die Einbettung der Kalten Fusion in die Energiepolitik, die Gesellschaft, in die Geopolitik, aber vor allem um die Auswirkungen auf die Privathaushalte und nicht zuletzt den Umweltschutz.

Das Thema Kalte Fusion muss neben den spezialisierten Foren, Fachzeitschriften und Fachkongressen endlich in die Öffentlichkeit gelangen. Das Thema gehört in die Umweltverbände, die Parteien, die „grünen" Bewegungen. Und um das zu erreichen, muss die Sprache zur Kalten Fusion verständlicher werden. Aber ich bin dabei guten Mutes. Auch die Elektrizität wird von den meisten Menschen nicht völlig verstanden – genutzt wird sie aber ganz selbstverständlich. Die Erklärung der KF ist ein fast unmögliches Unterfangen, weil die Zusammenhänge kompliziert sind. Die größte Hürde ist dabei klarzumachen, dass Masse und Energie zwei Seiten **derselben** Medaille sind. Um am Ende die Überzeugung zu erlangen, dass

„Kalte Kernfusion eine gute Sache ist", muss man diesen schwer nachvollziehbaren Weg gehen. Es kann und darf nicht sein, dass sich einer der größten technologischen Durchbrüche abzeichnet, den die Welt je gesehen hat, dass aber neben der breiten Öffentlichkeit auch fast alle Politiker, Verbände und Organisationen aller Art noch nie etwas davon gehört haben. Diese Information ist auch notwendig, damit die „üblichen Verdächtigen" der „Bereicherungsindustrie" das Geschäft nicht weiter unter sich ausmachen. Die Mechanismen zu dieser Bereicherung heißen künstliche Verknappung und Zentralisierung. Verknappung ist bei der Kalten Fusion eigentlich unmöglich, denn die verwendeten Ressourcen sind zum einen reichlich vorhanden, zum anderen wird so gut wie nichts verbraucht. Man könnte aber versuchen, eine Verknappung über staatliche Regulierung oder über Rohstoffkartelle zu erreichen. – Zum anderen wird man versuchen, die dezentrale Energie der Kalten Fusion zu zentralisieren, indem man sie zu Kraftwerken bündelt. Nur so kann man in großen Stil von der Verteilung der Energie profitieren. Um diesen Entwicklungen Einhalt zu gebieten, ist Wachsamkeit vonnöten. Und um wachsam sein zu können, braucht man Wissen.

Der unwillkommene Segen

Die Kalte Kernfusion ist ein umstrittenes Thema, und wenn es nach manchen Widersachern dieser Technologie ginge, wäre „umstritten" gleichbedeutend mit „nicht erwiesen" oder „falsch". Dies ist aber beileibe nicht der Fall, denn der Weg dieser Technologie ist gepflastert mit erteilten Patenten, positiven sog. „peer-reviewed" Gutachten (also Gutachten anerkannter Wissenschaftler), erfolgreicher Demonstrationen usw. Dazu später mehr. In Patentschriften, Gutachten und anderswo wird der Begriff „Kalte Fusion" verwendet, vielfach aber auch der „Ersatztitel" LENR = Low Energy Nuclear Reactions. Ich verwende beide. Ob in den kleinen Reaktoren, um die es bei der Kalten Fusion geht, tatsächlich eine Fusion von Atomkernen stattfindet oder ob sich die erzielte Überschussenergie auf andere Weise ergibt, sei dahingestellt. Wichtig ist, dass tatsächlich und erwiesenermaßen Überschussenergie auf **nicht-chemische** Weise erzeugt werden kann. Überschussenergie heißt: Es wird von einem Gerät mehr Energie erzeugt, als ihm vorher zugeführt wurde, und zwar **erheblich mehr**. Ich bleibe hier im Buch bei dem Begriff „Kalte Fusion" oder LENR, obwohl mir klar ist, dass nach einem endgültigen Verständnis der Vorgänge es vielleicht noch zu einem Wechsel der Bezeichnung kommen kann. Es ist auch nicht ganz unwahrscheinlich, dass für verschiedene Systeme des „AHE" (Anomaler Hitze Effekt) auch in Zukunft **verschiedene** Bezeichnungen verwendet werden. Die Systeme der Leonardo Corporation, von Brilliant-Light Power und Norront-Fusion sind sehr verschieden. Sie erzeugen alle Überschussenergie in kühlschrankgroßen Reaktoren, aber nur Holmlid nennt sein System „Fusion". Dazu später mehr. Allerdings ist es schade, dass seit Jahrzehnten so viel „Diskussions-Energie" in diese Namensgebung gesteckt wird. **Richtig unfair wird die Diskussion, wenn der Eindruck erweckt wird, durch den fehlenden Beweis der Fusion sei auch der Gewinn an Überschussenergie nicht erwiesen. Diese Behauptung ist böswillig. Denn die Überschussenergie ist hundertfach gemessen worden, mit vielen verschiedenen, wissenschaftlich anerkannten Messmethoden.**

Bevor ich mich den Details widme, will ich mich zunächst vorstellen und erklären, weshalb ich mich überhaupt für das Thema „Kalte Fusion" interessiere und warum ich mich seit Jahren dafür engagiere. Ich bin Jahrgang 1946, also lange nicht mehr im aktiven Berufsleben. Dieses Berufsleben war sehr unruhig, weil ich mich „on the job" von „ganz unten" nach „ziemlich weit oben" gearbeitet habe. Dieses Arbeiten und Lernen „on the job" ist mir zur zweiten Natur geworden und hat mir bei der Erschließung des Themas „Kalte Kernfusion" entscheidend geholfen. Ich habe keinerlei technische Ausbildung, aber doch ein ganz ausgeprägt technisches Verständnis. Diese Art von „Vorbildung" befähigt beim Thema „Kalte Kernfusion" eigentlich zu nichts. Nur, wenn man auf diese Art und Weise an ein Thema herangeht, ist der Misserfolg sicher. Fortschritte gehen oft mit Grenzüberschreitungen bei der Vorgehensweise einher und deswegen habe ich keinen Moment gezögert, mich des Themas anzunehmen.

Ich habe 2013/2014 einen Internet-Blog gegründet, der zunächst „fehnblog" hieß und den ich dann in „coldreaction.net" umbenannte. Die Anregung dazu fand ich in dem Blog (seibt-bautzen) von Dr. Reiner Seibt, den er bis heute trotz seines hohen Alters weiterhin betreibt. – Bis Oktober 2020 habe ich meinen Blog betrieben und parallel auch einige Seminare über die Kalte Fusion veranstaltet. Im Oktober habe ich mich dann mit folgenden Worten in meinem Blog verabschiedet:

Die Zukunft für die Kalte Fusion sieht gut aus, aber „coldreaction.net" geht vom Netz.
Liebe Freundinnen und Freunde der Kalten Kernfusion, nach fast sieben Jahren und insgesamt 1 408 143 Seitenaufrufen will ich „coldreaction.net" beenden. Die Gründe sind vielfältig: Durch ständig neues Material wird die Seite unübersichtlicher und ich müsste sie eigentlich komplett überarbeiten. Dazu fehlt mir aber die Zeit und zudem habe ich Probleme mit meiner Sehkraft. Ich werde daher den Blog Ende dieses Jahres aus dem Netz nehmen. Es besteht damit noch reichlich Zeit, den Inhalt zu kopieren. Übrigens werde ich das „Gästebuch" schon vorher schließen, weil es mir täglich komplett „zugespamt" wird. Ich will mich nicht verabschieden, ohne einige grundsätzliche Anmerkungen zu machen.

Kalte Fusion und Umweltpolitik

Es wird mir ein ewiges Rätsel bleiben, weshalb sich Politik und Umweltverbände nicht viel intensiver mit sauberer Kernkraft beschäftigen. Es ist der Gipfel der Dummheit, wenn man gelegentlich hört, „von Atom haben wir erstmal die Nase voll", und sich jeglicher vernünftigen Diskussion verweigert. Die Effizienz von Kernkraft ist derart hoch, dass alle schmutzigen und sauberen Energien dagegen auf abstruse Weise ineffizient sind. Die Kalte Fusion ist zudem abfall- und strahlungsfrei. Die Forschungen zur Kernkraft sind weltweit vielfältig und beschränken sich beileibe nicht nur auf die bekannte (und gefährliche) Kernspaltung und auf die Kernfusion, sondern auch auf viele andere Varianten. Allen ist gemein, dass sie wenig bis gar keinen Rohstoffbedarf haben, sondern nur die sog. „Bindungsenergie" verbrauchen, wie sie z. B. bei einer Fusion von Wasserstoffatomen „übrigbleibt", wenn diese zu einem Heliumatom fusionieren. Diese kleine übrig gebliebene Bindungsenergie wird dabei zu einem „Energieriesen", weil sie nach der Einstein-Formel $E=MC^2$ mit der Lichtgeschwindigkeit zum Quadrat multipliziert wird. Fossile Energien und erneuerbare Energien sind im Vergleich dazu winzige Energiezwerge, die zudem nachteilige Auswirkungen auf die Umwelt haben, mal mehr, mal weniger.

Andererseits sieht es gut aus für die Kalte Fusion und das ist auch der Grund, weshalb ich meine Seite guten Gewissens aufgeben kann. Die EU-Kommission hat kürzlich eigene Forschungsprogramme gestartet, Google engagiert sich nachhaltig für die Kalte Fusion (wovon ich mir noch am meisten verspreche, denn Google hat entscheidende Vorteile: Geld und kurze Entscheidungswege). Die US-Navy ist auf dem Gebiet der Kalten Fusion schon ein Veteran und die NASA ebenfalls. Airbus ist im Rennen, auch japanische, russische und chinesische Forschungseinrichtungen und Firmen. Bei den ersten kommerziellen Anwendungen scheinen zwei Einzelkämpfer die „Nase vorn" zu haben: Dr. Andrea Rossi und Dr. Randell Mills, dessen Firma mittlerweile zu einem der größten US-Atomkonzerne gehört. Mindestens zwanzig weitere Firmen wären noch zu nennen.

Die Kalte Fusion und die Physik

Zunächst einmal hat die Physik ein Problem mit sich selbst, denn anerkannterweise passen die beiden großen Erklärungsmodelle der Physik, das sog. „Standard-Modell der Teilchenphysik" und die Quantenphysik, nicht zusammen, d. h. die Physik verfügt nicht über ein einheitliches Erklärungsmodell für physikalische Vorgänge. Dies braucht man aber, um zuverlässig über eine Sache urteilen zu können. Genau dies hat man wider alle Vernunft beim Thema „Kalte Fusion" aber seit über 30 Jahren getan, obwohl Fakten für die Existenz dieses „Phänomens" sprachen. Man zog es vor, die Protagonisten der Kalten Fusion zu denunzieren, zu beschimpfen, kaltzustellen oder mit anderen Mitteln zu drangsalieren, ganz im Stile der Inquisition gegenüber Galileo Galilei. Eine beschämende Vorgehensweise, die teilweise bis heute anhält.

Die Kalte Fusion und die Energiekonzerne

Mit Energiekonzernen meine ich in erster Linie die halbstaatlichen Stromkonzerne, die für die Verteilung der elektrischen Energie zuständig sind. Ohne diese Firmen hätte es nie die wirtschaftliche Entwicklung und den privaten Komfort gegeben, wie wir ihn heute ganz selbstverständlich kennen und in Anspruch nehmen. Andererseits hat derjenige, der dieses Versorgungsmonopol sein Eigen nennt, auch die Macht über die Preise. Genau hier entsteht Widerstand gegen die Kalte Fusion. Die Konzerne kommen mit jeglicher Energie zurecht: mit fossilen Energien, mit erneuerbaren Energien und mit neuartigen Energien jeglicher Art – solange diese auf das Verteilernetz angewiesen sind, um zum Endverbraucher zu gelangen. Einzig die Kalte Fusion benötigt in letzter Konsequenz keine Überlandleitungen. Sie kann stationär versorgen, sie kann mobile Einrichtungen versorgen und sie kann letztendlich sogar in Verbrauchsgeräte integriert werden. Für die genannten Konzerne ist die Kalte Fusion letztlich eine Existenzbedrohung.

Die Kalte Fusion und die Geopolitik

Kein Produkt hat die Welt so verändert wie das Erdöl. Anders als die Kohle ist es leichter transportierbar und einfacher in der technischen Anwendung. Das Erdöl hat die Machtverteilung in der Welt neu geformt und Imperien geschaffen, die nur auf ihm beruhen. Erneuerbare Energien und vor allem die Kernkraft beginnen diese Imperien zu erschüttern, abzulesen an der Entwicklung der Rohölpreise, die es seit längerem nicht mehr erlauben, die Staatshaushalte dieser Länder auszugleichen. Es geht auch hier, wie bei den Energiekonzernen, um die Existenz. Dies betrifft gleichermaßen die erdölverarbeitende Industrie. Kohle und Erdöl haben den industriellen Aufschwung erst ermöglicht, sind aber gleichzeitig die größten Feinde der Menschheit. Sie verschulden den Klimawandel und verschmutzen durch den Plastikmüll die Umwelt und die Weltmeere. Neben den erneuerbaren Energien und der modernen Kernkraft kann die Kalte Fusion den entscheidenden Schritt in eine sorgenfreie Energiezukunft bereiten. Den Zeithorizont für eine Einführung der Technologie sehe ich zwischen „übermorgen" bis in zehn Jahren.

Es gibt aber noch eine gute Nachricht: Ich werde ein Buch herausbringen, der Arbeitstitel lautet: „Kalte Kernreaktion". Es wird wahrscheinlich im Frühjahr 2021 erscheinen. – Das Erscheinen werde ich hier und auch in einem Newsletter bekanntgeben.

Herzlichst
Ihr
W. Meinders

Ein Hinweis zu Quellenangaben: Die Quellen entstammen ausschließlich dem Internet. Es wäre für die Leser zu mühsam, die im Buch gezeigten Internet-Links in einen Browser zu übertragen. Deshalb habe ich eine Webseite (https://kaltekernfusion.hpage.com/) nur für dieses Buch angelegt, in welchem eine Linkliste gezeigt wird, von der aus die im Buchtext gezeigten Links und PDF-Dateien direkt anwählbar sind. Dazu ist anzumerken: Diese Links anzusehen, ist zum Verständnis des Buches nicht zwingend erforderlich. Wer sich aber tiefer informieren möchte, kann das dort tun. Die weit überwiegende Zahl der angebotenen Texte sind in englischer Sprache verfasst. Ich weise auch darauf hin, das Internet-Links „altern" können, also nicht mehr erreichbar sind. – Einige zitierte Textpassagen entstammen eigenen Notizen, gelegentlich habe ich **Hervorhebungen** eingefügt, die ursprünglich nicht vorhanden waren. – Zur Erläuterung von Fachbegriffen habe ich ein „Glossar" angefügt.

Der Teufel riecht nach Schwefel und Atome sind gefährlich

Warum ist die Kalte Kernfusion so interessant? Sie vereinigt alle Eigenschaften, die man sich von einer optimalen Energieversorgung wünscht: sie ist unglaublich billig, sie hat keine Emissionen (weder Abfall noch Strahlung), sie hat praktisch keinen Ressourcenverbrauch, sie hat praktisch keinen Landschaftsverbrauch und sie erfordert keine zentrale Erzeugung, d. h. sie benötigt in der Endkonsequenz auch kein Verteilernetz. An dieser Stelle fangen fast alle Menschen an zu zweifeln, denn man ist es gewöhnt, dass eine schlechte Nachricht die andere jagt. „Bad news are good news" – schlechte Nachrichten sind gute Nachrichten … weil sie die Auflagen der Presseorgane steigern. Wie hängt das zusammen? Eine gute Nachricht kann man ruhig einmal übersehen, das tut im Zweifel nicht weh. Eine schlechte Nachricht **darf** man nicht übersehen, weil sie Gefahren ankündigt. Schlechte Nachrichten haben daher die zuverlässigste Aufmerksamkeit. Wir haben uns daran gewöhnt, ständig vor irgendetwas Angst zu haben. Mal zu Recht, mal zu Unrecht. Aber woher soll man das wissen. Auf der anderen Seite hat sich eine gute Nachricht oft genug als „Fake" herausgestellt, man denke nur an „Wahlversprechen", die sich hinterher in Luft auflösten. So haben also auch gute Nachrichten mit der Zeit vielfach einen schlechten Ruf erlangt. Wenn man deshalb von der guten Nachricht der Kalten Fusion hört, dann ist die Reaktion fast immer: „Das wird nie etwas, wir wissen doch, wie so etwas läuft". Die „Kalte Fusion" (auch LENR = Low Energy Nuclear Reaction genannt) ist eine überragend gute Nachricht. Aber da geht es schon wieder los mit der Angst. Das Wort „nuklear" lässt den Alarmpegel ins Unermessliche steigen. Diese Nuklearangst ist mittlerweile wohl in die Genetik eingegangen, ähnlich wie der Geruch von Schwefel. Wenn in kleinen Räumen ein übler Geruch herrscht, kann es nützen, ein oder mehrere Streichhölzer anzuzünden, damit sich der Geruch von Schwefel verbreitet (Ein „Trick" aus der Seefahrt.) Dieser Geruch versetzt das Gehirn sofort in einen Alarmzustand, der alle anderen Gerüche ausblendet. Schwefel bedeutet „Blitzeinschlag" und ist der Vorbote von Feuer. (Was so nicht ganz stimmt: Gewitter riechen nicht nach Schwefel, sondern nach Ozon und diesen Geruch hat man damals Schwefel zugeordnet. Man war ja auch fest der Meinung, dass der Teufel nach Schwefel riecht.) Derartige Ängste löst man auch mit dem Wort „nuklear" aus. Zu viele einschneidende Vorkommnisse sind damit verbunden: Atombomben,

Three Mile Island, Tschernobyl und Fukushima, Abfälle mit gefährlicher Strahlung. Solche Dinge sind so lebensbedrohlich wie ein Blitzschlag, eher schlimmer. Das Wort „Nuklearmedizin" relativiert das ein bisschen, wird aber auch damit assoziiert, dass man derartige Bestrahlungen erst erhält, wenn sich eine Krebserkrankung schon ausbreitet. Also ist auch sie für den Ruf der Atomkraft nicht unbedingt eine Hilfe. Es hat sich der Eindruck festgesetzt, dass „Atomkraft" gefährlich ist und diese böse Erfahrung verstellt zugleich den Gesamtblick auf „die Atomkraft". Vielleicht lässt sich die Angst ein bisschen durch die Erkenntnis verdrängen, dass der verängstigte Mensch, wie jegliche Materie überhaupt, zu 100% aus Atomen besteht. Mit der allgemeinen Gefährlichkeit von Atomen kann es also nicht weit her sein. Eine andere Sichtweise öffnet vielleicht auch einen anderen Horizont: Was man dem Atom unbedingt nachsagen kann, ist die ungeheure Energie, die es in sich trägt. Wie man diese Energie gefahrlos nutzen kann, darum geht es in diesem Buch. Wir könnten jenen paradiesischen Zustand zurückerlangen, wie wir ihn vom ursprünglichen Lagerfeuer her kennen: Rings herum Wald, also kein Mangel an Brennstoff und ein Feuer, dessen Wärme umsonst ist und ganz alleine mir gehört. – So funktionierte das noch vor einigen tausend Jahren, als von Überbevölkerung noch nicht die Rede war und auch kein Adliger den Wald für sich beanspruchte. Die Zeit können wir nicht zurückdrehen, aber die damals gelebte Energieautarkie könnten wir mit der Kalten Kernfusion zurückerlangen.

Atomenergie

Die Kalte Kernfusion wird von den Menschen ebenso wenig verstanden wie die sog. „Heiße Fusion" oder die Kernspaltung, also dem, was wir heute mit „Atomkraft" verbinden. Zunächst zur Kernspaltung. Warum ist sie gefährlich und was ist überhaupt Radioaktivität? Wie fast alle Menschen wissen, bestehen Atome aus Protonen (positiv geladen) Neutronen (ungeladen) und Elektronen (negativ geladen). Entscheidend für die Identifizierung von Atomen ist die Anzahl der Protonen. Das kleinste Atom, der Wasserstoff, enthält nur eines. Eisen enthält z. B. 26, Blei sogar 82 und Uran 92 Protonen. Deshalb kann man mit einem Uran-Geschoss ohne Probleme eine Panzerung aus Eisen (26 Protonen) durchschlagen, ganz ohne Sprengstoff. Das Blei mit seinen 82 Protonen ist das letzte Element, das seine Bestandteile alleine zusammenhalten kann. Uran mit seinen 92 Protonen dagegen ist instabil, d. h. im Laufe der Zeit verliert es immer mehr Protonen, „magert" über mehrere Stufen immer mehr ab und wird, wie alle anderen instabilen Elementen, irgendwann zu Blei. Dort erreicht es endlich seinen stabilen Zustand. Dieser Verlust von Materie (im Falle von

Uran zu Blei also die Reduzierung von 92 auf 82 Protonen) ist die Radioaktivität. Es sind also winzige atomare Teilchen auf ihrem Wege von der Instabilität zu einem stabilen Zustand. Diese Transformation vollzieht sich, je nach Element, über Jahrtausende oder sogar Jahrmillionen. Wie kommt es aber nun zu der gefährlichen Radioaktivität bei einer Kern**spaltung**? Bei der Kernspaltung wird ein geeignetes Uran-Atom künstlich und schlagartig in einen derart instabilen Zustand versetzt, dass es sich in zwei andere Elemente aufspaltet. Dabei wird der von mir beschriebene „Abmagerungsprozess" entscheidend beschleunigt, er überspringt quasi mehrere Stufen. Mit diesem Überspringen steigt auch die Zahl der freiwerdenden Teilchen schlagartig an, was eine markant verstärkte Radioaktivität zur Folge hat. (Gleichzeitig wird eine große Menge an verwertbarer Energie freigesetzt). Die Teilchen durchschlagen jegliche Materie, Pflanzen, Tiere und Menschen. Dieses Durchschlagen des Körpers verursacht tausendfach kleine Wunden, welche der Körper zumeist selbst heilen kann – nicht aber, wenn es zu viele werden. Deshalb versucht man, die Zeit, in welcher Menschen dieser Radioaktivität ausgesetzt sind, soweit wie möglich zu verkürzen. Diese nicht verheilten Wunden verursachen oft lebensgefährlichen Krebs. Ich kommentiere die Kernspaltung hier so ausführlich, um zu zeigen welche Folgen sie hat und gleichzeitig zu sagen: sie ist ein gefährlicher Sonderfall der Kernenergie und hat mit den beiden Arten der Kernfusion, der „Heißen" wie der „Kalten", wenig zu tun. An dieser Stelle will ich ausdrücklich betonen: Atome sind natürlich, genauso wie die Sonne Natur ist. Niedrigenergie-Kernumwandlungsvorgänge sind auch natürlich. Nur die künstliche Hochenergie-Kernspaltung von Uran und Thorium sollten wir vermeiden, weil sie Gesundheitsschäden und Umweltvergiftungen verursacht. Insbesondere die Brennstoffgewinnung für die Kernspaltung aus den Uran-Thorium-Erzen belastet die Umwelt massiv (vgl. Yellow-Cake-Problematik). Natürliche Energie gibt es in Hülle und Fülle, auch ohne Emissionen oder Abfall. Mit den sogenannten „erneuerbaren" Energien ist man auf dem richtigen Wege – nur: Er ist viel zu umständlich und ineffizient. Die Natur kann wesentlich mehr und das wissen wir nicht erst seit Einsteins Formel $E=mc^2$. Wieso kann die Sonne über Jahrmilliarden „brennen", ohne zu „verbrennen"? Wir kennen das doch von einem Stück Brikett oder Holz – man zündet es an und irgendwann bleibt Asche übrig. Die Lösung dieses Rätsels ist überraschend: Die Sonne verbrennt sich gar nicht selbst, sondern die sichtbar freiwerdende Energie ist die sogenannte „Bindungsenergie" und möglichweise andere Formen von Kernenergie, die wir gegenwärtig gerade entdecken (sh. Anhang von Dipl. Physiker Dirk Schadach). Damit verhält es sich wie folgt: Der riesige Energiegewinn der Sonne entsteht durch die Fusion zweier Wasserstoffatome zu einem Heliumatom. Das Wasserstoffatom hat ein Proton, das Heliumatom zwei. Jedes Atom hat nun eine Art „Netz", welches das Atom, bestehend aus Protonen, Neutronen und Elektronen zusammenhält. Dieses Netz ist die sogenannte Bindungsenergie. Eine einfache Rechnung: Zwei Wasserstoffatome haben zwei Netze, ein Heliumatom hat nur eines. Wenn also zwei Wasserstoffatome zu einem Heliumatom fusionieren, bleibt ein Netz (eine „Portion" Bindungsenergie) über. „Über" heißt: **sie ist frei nutzbar**. Die Bindungsenergie macht unter einem Prozent der Gesamtenergie des Atoms aus. Um eines dabei richtigzustellen: Die Sonne verbrennt also doch irgendwann, weil die Bindungsenergie verbraucht wird, aber doch sehr, sehr langsam. Es handelt sich eben nicht um einen chemischen Verbrennungsprozess, sondern um eine nukleare (Kern-) Reaktion. – Eine Kernreaktion ist ein physikalischer Prozess, bei dem ein Atomkern durch den Zusammenstoß mit einem anderen Atomkern oder Teilchen seinen Zustand oder seine Zusammensetzung ändert. Leider ist eine Kernfusion nicht so einfach zu erreichen, wie es sich zunächst anhört. Um sie zu bewerkstelligen, müssen die beiden einzelnen Protonen aus zwei Wasserstoffatomen dazu veranlasst werden, sich zu vereinigen. Wenn sie das getan haben, sind sie nicht mehr Wasserstoff, sondern Helium, das zweitkleinste Atom welches zwei Protonen enthält. Das geht aber nicht so einfach, denn dazwischen liegt die sog. Coulomb-Barriere, eine Kraft, die verhindert, dass Protonen fusionieren. Wir kennen dieses Verhalten von Magneten: Will man zwei Pluspole von Magneten zusammendrücken, dann gelingt das nur höchst widerwillig. (Und wie bekannt: Protonen sind positiv geladen.) Diese Coulomb-Kraft ist unabdingbar, denn gäbe es sie nicht oder wäre sie schwächer, könnte jeder Schlag mit einem Hammer auf einen Amboss eine Kernfusion auslösen. Es braucht Riesenkräfte, um diese Coulomb-Barriere zu überwinden, um eine Kernfusion zu ermöglichen. Auf der Sonne sind dies 15 Millionen Grad Celsius und der gewaltige Druck der riesigen Sonnenmasse. – Die Kalte Kernfusion benötigt diese Millionengrade und diesen Druck nicht, sie erreicht dies auf andere, nur ansatzmäßig erforschte Weise. Wenn also nur diese winzige Menge an Bindungsenergie frei wird, wie kommt es dann zu dem riesigen Energiegewinn? Das sagt uns Einstein mit seiner Formel: E (Energie) = (ist gleich) M (Materie) multipliziert mit C² (der Lichtgeschwindigkeit im Quadrat). Und so wirkt sich das aus: Hätten wir 1 kg Bindungsenergie zur Verfügung und würden sie dann mit der Lichtgeschwindigkeit zum Quadrat multiplizieren, ergäbe sich eine Energie, die ausreichen würde, 9 Kubik**kilometer** Wasser um einen Meter anzuheben. Wieso ist das so? Materie trägt diese Menge an Energie in sich. Und Materie und Energie sind ineinander umwandelbar – man kann also nicht nur aus Materie Energie machen, sondern auch aus Energie Materie. Zwei Beispiele dazu: Die Lichtgeschwindigkeit ist eine Naturkonstante, es gibt keine höhere Geschwindigkeit als die des Lichtes. Würde man einen Gegenstand bis hin zur Lichtgeschwindigkeit beschleunigen und ihm dann weitere Energie zuführen, um die Beschleunigung weiter zu erhöhen, würde der Gegenstand **nicht schneller**, sondern **schwerer.** Weil die Lichtgeschwindigkeit absolut ist, bleibt für die zusätzliche Energie nur der Weg sich zu Materie zu wandeln. – Ein anderes Beispiel: Der Teilchenbeschleuniger (Large Hadron Collider) am CERN in Genf beschleunigt Teilchen auf nahezu Lichtgeschwindigkeit. Wenn solch beschleunigte Teilchen kollidieren, müsste sich die Lichtgeschwindigkeit quasi addieren tut sie aber nicht, weil es oberhalb der Lichtgeschwindigkeit nichts gibt. Und was passiert: die überschüssige Energie wird zu Materie. Wenn also die Teilchen kollidieren, entstehen nicht etwa „Teilchensplitter", sondern neue Materie. Man muss sich mit dem Gedanken anfreunden, dass Materie und Energie zwei Seiten derselben Medaille sind. Der Physiker und Nobelpreisträger Max Planck sagte es überdeutlich: *„Als Physiker, der sein ganzes Leben der nüchternen Wissenschaft, der Erforschung der Materie widmete, bin ich sicher von dem Verdacht frei, für einen Schwarmgeist gehalten zu werden. Und so sage ich nach meinen Erforschungen des Atoms dieses: Es gibt keine Materie an sich. Alle Materie entsteht und besteht nur durch eine Kraft, welche die Atomteilchen in Schwingung bringt und sie zum winzigsten Sonnensystem des Alls zusammenhält"*. Und noch einmal zum besseren Verständnis: Der Atomkern besteht aus Protonen und Neutronen. Diese werden von Elektronen „umkreist". Jetzt könnte man meinen, Protonen, Neutronen und Elektronen seien zusammen in irgendeiner Weise kompakt. (So wie es das „Atomium" in Brüssel suggeriert.) Das sind sie aber nicht. Hätte der Atomkern die Größe einer Apfelsine, würden die Elektronen ihn in einer Entfernung von rund dreißig Kilometern umkreisen. Sieht man sich also das Atom an, besteht es zu nahezu hundert Prozent aus „Zwischenraum". Kein Experiment zeigt die Dualität (Zweiheit) von Masse und Energie plastischer als das sog. Doppelspalt-Experiment.

Ich gebe hier keinen Link an, weil es im Internet zahlreiche Beschreibungen und Videoclips davon gibt. Es wird dabei gezeigt, wie beispielsweise Elektronen auf eine Fläche „geschossen" werden, die einen Spalt aufweist. Steht hinter dieser Fläche eine Projektionswand oder ähnliches, zeigt sich darauf nach diesem Beschuss ein „Einschlagsmuster", das ziemlich genau die Form des Spalts abbildet. Nimmt man nun eine andere Fläche und fügt **zwei** Spalten ein, kann zweierlei passieren: Entweder gibt es auf der dahinter liegenden Projektionswand die Abbilder der beiden Spalten (dann haben sich die Elektronen wie Teilchen/Materie verhalten) oder aber, auf der Projektionswand zeigt sich ein sog. Interferenzmuster, welches entsteht, wenn zwei Wellen sich gegenseitig beeinflussen. Diese Überlagerung von Wellen kann man selbst leicht erzeugen, wenn man zwei Steinchen gleichzeitig in einem gewissen Abstand ins Wasser wirft. Im Ergebnis ist es so, dass die Elektronen sich bei einem Doppelspalt nicht entscheiden können: bin ich nun Teilchen (Masse) oder bin ich Welle (Energie). – Die Elektronen scheinen sich also genau in dem Grenzbereich der Atome zu befinden, wo sich Energie und Materie treffen. Das Wissen über Energie ist auf groteske Weise lückenhaft, wenn man diese Zusammenhänge nicht kennt, weil genau die hier beschriebene Energie die billigste und sauberste überhaupt ist. Mir ist kürzlich ein Ingenieur begegnet, der meinte, oberhalb des sog. Energieerhaltungssatzes (also des Grundsatzes, dass man aus einer Apparatur nie mehr Energie gewinnen kann als man zuvor hineingesteckt hat) gäbe es nichts, denn sonst gäbe es ja auch das Perpetuum mobile. Er meinte, deshalb könnte es auch die Kalte Fusion nicht geben. Im Prinzip hatte er recht, ich fürchte nur, er wusste nicht warum: Auch für die Energie, die aus Kernreaktionen gewonnen wird, gilt der Energieerhaltungssatz, aber in der Weise, dass die Energie in Form der verwendeten Materie bereits vorhanden ist. Und hier ist nun der große Bruch gegenüber konventioneller (chemisch erzeugter) Energie: Diese Materie ist bei einer Kernreaktion mit der Lichtgeschwindigkeit im Quadrat zu multiplizieren, wodurch sich eine Vervielfachung der Energie ergibt. Weil es so enorm wichtig ist, wiederhole ich es noch einmal: Der Energiegewinn aus einer Kernreaktion ist ein natürlicher Vorgang, wie er sich seit Jahrmilliarden auf der Sonne abspielt. Die Formel $E=MC^2$ gibt es seit über hundert Jahren und sie wurde unzählige Male als richtig anerkannt. – Die Nutzung der Kernenergie ist durch die Kernspaltung in Verruf geraten. Aber wir sehen doch, was Kernenergie leisten kann: Kraftwerke, U-Boote, Eisbrecher usw. Dabei müssen wir endlich zur Kenntnis nehmen, dass Kernkraft eben nicht nur Kernspaltung und Hochenergie-Heißfusion ist. **Die Kalte Kernfusion eröffnet alle Möglichkeiten der Kernkraft, aber ohne die Nachteile der Kernspaltung – wie Strahlung, Brennstoffgewinnung, Abfallproblematik und dergleichen.**

Annäherung an die Kalte Fusion

Lassen wir diese Vorbemerkungen hinter uns und wenden uns der Kernfusion zu – der Heißen wie der Kalten. Zunächst zur sog. „Heißen" Kernfusion. Diesen Begriff hätte ich vor ein paar Jahren noch nicht verwendet, denn, weil es nach Meinung vieler Physiker eine „Kalte" Fusion nicht gibt, gibt es auch keine „Heiße" Fusion, sondern einfach nur Kernfusion. Dabei übersehen diese Wissenschaftler, dass der Begriff „Kalte Fusion" bereits 1948 von dem Physiker und Nobelpreisträger Andrej Sacharov geprägt wurde. Die Heiße Kernfusion versucht, die Verhältnisse auf der Sonne zu simulieren. Dort herrscht eine Temperatur von rund 15 Millionen Grad Celsius. Hinzu kommt der enorme Druck, der durch die pure Masse der Sonne entsteht. Unsere Erdanziehung entsteht aus der Masse der Erde. Kleine Gegenstände werden von großen Gegenständen angezogen. (Übrigens mit Hausmitteln ganz leicht zu beweisen: Legen Sie abends ein Styropor-Kügelchen in die Mitte eines gefüllten Waschbeckens – am anderen Morgen ist es am Rand.) Würden wir uns auf einem Himmelskörper von der Größe der Sonne befinden, würde sich unser Körpergewicht so sehr steigern, dass wir unweigerlich auf eine sehr handliche Größe schrumpfen würden. So ergeht es auch den Atomen: Die ungeheuer hohe Temperatur und der ungeheure Druck zwingen die Wasserstoffatome zur Fusion und setzen die Bindungsenergie frei, welche die Sonne erstrahlen lässt. So weit so gut. 15 Millionen Grad auf der Erde herzustellen ist wohl schon schwierig genug, aber woher soll der Druck kommen? Die Sonne ist schließlich so groß, dass, wenn sie auf der Position unseres Mondes stünde, sie unsere Erde weit überdecken würde. – Die Physiker haben sich zu helfen gewusst: „Wenn wir den Druck nicht haben, müssen wir eben die Temperatur erhöhen". Man entschied sich bei der Versuchsreaktoren also stattdessen für 150 Mio. Grad. – Wie nun soll diese Temperatur beherrscht werden, denn man will ja irgendwann Energie daraus gewinnen? Ein noch so solider Wärmetauscher, egal aus welchem Material, würde sofort verdampfen. Ebenso würde Beton verdampfen und jedes x-beliebige Material auch. Also kam man auf die Idee, den Fusionsprozess freischwebend zwischen riesigen Magneten stattfinden zu lassen. Man darf getrost davon ausgehen, dass diese Magnete sehr viel Energie **verbrauchen**. Die für die Fusion erforderliche Hitze wird dabei z. B. mit extrem starken Lasern erzeugt. Das Problem der Nutzbarmachung bleibt dabei ungelöst. Das hört sich alles sehr schwierig an und das ist es auch. Die Erfolgsaussichten waren schon immer schlecht und sie sind es bis heute. Man spricht bei der Heißen Kernfusion von der „Energie der Zukunft", das Problem ist dabei, dass man dies schon seit Jahrzehnten sagt. Und auch jetzt veröffentliche „ITER" (der im Bau befindliche Reaktor in Frankreich), dass man damit rechne, in 30 Jahren „weiter" zu sein. Neuere Versuchsreaktoren in China oder Großbritannien „verkürzen" diese Frist auf 20 Jahre. Diese Fristen würden sich wahrscheinlich erheblich verlängern, wenn man das „Funktionieren" der Reaktoren so definieren würde: „Die Anlagen liefern Elektrizität zu marktüblichen, günstigen Preisen, ohne dass sie mit Steuermitteln subventioniert werden müssen". Tatsache ist und bleibt, dass noch keiner der bisher gebauten Reaktoren weltweit auch nur ein Kilowatt nutzbarer Energie erzeugt hat. Es wurde auch nie so viel Energie erzeugt, um die Anlage damit selbst versorgen zu können. Die bisherigen Fusionsanlagen haben also bisher nur Energie verbraucht, aber nie welche erzeugt.

Kommen wir nun zur Kalten Kernfusion. Zum Jahresende 2019 hat die amerikanische physikalische Gesellschaft (die nach westlichen Maßstäben wohl höchste Instanz der Physik) einen Aufsatz veröffentlicht, der folgenden Titel trug: **(Link 1)**

„Accepted Paper – Nuclear fusion reactions in deuterated metals", was so viel heißt wie: „Akzeptierte Veröffentlichung – Nukleare Fusionsreaktionen in mit Wasserstoff angereicherten Metallen". Das sagt dem Nichtfachmann zunächst einmal überhaupt nichts. In Wirklichkeit steckt diese Formulierung jedoch voller Brisanz. Wir nehmen diesen Titel, um uns in die Welt der Kalten Kernfusion vorzuarbeiten. Zunächst: „Accepted Paper" heißt: Es besteht in den Gremien der APS (American Physical Society) Konsens über die Richtigkeit dieser Aussage. Diese Kernfusion findet in mit Wasserstoff bzw. Deuterium angereicherten Metallen statt. Was heißt das? Wenn wir uns ein Atom ansehen, dann finden wir in seinem Inneren die positiv geladenen Protonen und die mindestens gleiche Zahl ungeladener Neutronen. (Mit einer Ausnahme: Das Wasserstoffatom hat nur ein Proton und kein Neutron.) Umkreist wird dieser Kern von so vielen Elektronen (negativ geladen), wie sie der Zahl der Protonen entspricht. Es handelt sich also um eine Kreisbahn, ähnlich wie im Verhältnis Erde Mond, oder Sonne Erde. Daraus folgt, dass jegliche Materie, die ja aus Atomen besteht, nicht kompakt sein **kann**. Denn wenn man Kugeln stapelt bleiben bekanntermaßen erhebliche Zwischenräume. Nehmen wir nun ein Metall wie Palladium (es findet in der chemischen- oder der

Schmuckindustrie Verwendung) mit seinen 46 Protonen, dann ist dieses Atom wesentlich größer als ein Wasserstoffatom, das nur ein einziges Proton beherbergt. Das heißt, man kann in die Zwischenräume der Palladium-Atome riesige Mengen an Wasserstoffatomen einleiten. Und nun beginnt das Entscheidende: Wenn man die Wasserstoffatome, die ja nun in die „Gitterstruktur" der Metallatome dichtgedrängt eingeschlossen sind, unter Stress setzt, können sie einander nicht mehr ausweichen und sie beginnen zu fusionieren. – Wie setzt man sie unter Stress? Nun, die kleinen Behälter, in denen sich das Palladium und der Wasserstoff befinden, werden kräftig geschüttelt und mit Vibrationen und Resonanzen drangsaliert. Zusätzlich wird dann die Einfüllöffnung verschlossen und der Behälter erhitzt, womit sich im Behälter (Reaktor) ein Druck aufbaut. Ich beschreibe hiermit (grob) die gängigste Methode der Kalten Fusion/LENR, die mittlerweile anstatt Palladium Nickel verwendet. Neu ist diese Erkenntnis keineswegs. Der Effekt wurde schon 1989 durch die beiden Elektrochemiker Fleischmann und Pons beobachtet. Ich komme darauf noch ausführlich zu sprechen. Diese Einwirkungen reichen aus, um in den kleinen Reaktoren Nuklearreaktionen auszulösen, welche Bindungsenergie freisetzen. Das heißt: diese kleinen Reaktoren erzeugen erheblich mehr Energie als man ihnen zuführt. Was ich bisher aus der Veröffentlichung der APS noch nicht erklärt habe, ist der Begriff „deuterated". Dieser Begriff ergibt sich aus dem Isotop Deuterium. Der Reihe nach: Ich hatte gesagt, dass jedem Proton in der Regel ein Neutron zugeordnet ist. Übersteigt die Zahl der Neutronen die Anzahl der Protonen, redet man von Isotopen. Um es noch ein bisschen komplizierter zu machen: Das Wasserstoffatom hat nur ein Proton und wird schon durch das Hinzufügen **eines** Neutrons zum Isotop Deuterium. Fügt man ein weiteres Neutron hinzu, wird es zum Isotop Tritium. Alle drei Wasserstoffformen – der atomare Wasserstoff und die Isotope Deuterium und Tritium spielen bei der Befüllung der Metallgitter eine Rolle. Übrigens wird Deuterium auch „schweres Wasser" genannt. Es ist durch das zusätzliche Neutron tatsächlich ein bisschen schwerer und dickflüssiger und ist z. B. für die pflanzliche Osmose nicht mehr geeignet. Schon 2012 schrieb die Europäische Kommission:

„Der Fleischmann und Pons Effekt (FPE) ist die Produktion großer Mengen von Wärme, die nicht auf chemische Reaktionen zurückzuführen ist. Dies geschieht durch elektrochemische Beladung von Palladiumkathoden mit Deuterium. Die gemessenen Energiedichten waren zehn-, hundert- und sogar tausendfach größer als in be-

kannten chemischen Prozessen. Auf der Grundlage des aktuellen Wissens kann es sich nur um nukleare Vorgänge handeln. Der Vorgang spielt sich mit Deuterium in einem Palladium-Gitter ab.

Das faszinierendste Merkmal des Phänomens ist der erhebliche Mangel an erwarteten nuklearen Emissionen, die mit dem Überschuss an Energie verbunden sind."

Im September 2017 gab es einen schönen Artikel der Drexel-Universität über das Verhalten der Wasserstoffatome im Metallgitter. **(Link 33)** Ich übersetze einige Auszüge aus dem Artikel teilweise sinngemäß:

„Es scheint so, dass, wenn der Raum eng wird, Ionen – wie Menschen – einen Weg finden, doch irgendwie durchzukommen, auch wenn das bedeutet, dass sie dabei die Normen der Natur außer Acht lassen." Dies publizierte jedenfalls kürzlich ein internationales Team von Wissenschaftlern an der Drexel Universität unter der Leitung von Yury Gogotsi. Sie zeigten, dass geladene Partikel ihre „Abstoßungsneigung vergessen" (diese Erscheinung nennt man auch die Coulomb-Ordnung), wenn sie in winzige Räume von Nanomaterial gezwängt werden. Diese Entdeckung könnte der entscheidende Durchbruch sein, wenn es um Energiespeicherung und alternative Energieproduktionstechniken geht, die allesamt mit dem „Pa-

cken" von Ionen in nanoporöse Materialien zu tun haben. Gogotsi sagt, „es sei zum ersten Mal gelungen, die Coulomb-Ordnung zu durchbrechen und dies in Subnanometerporen überzeugend nachzuweisen".

An den Untersuchungen haben Wissenschaftler der Sinshu Universität von Japan, der Loughborough Universität des Vereinigten Königreichs, der Universität von Adelaide aus Australien, des französischen Forschungs-Netzwerks für elektrochemische Energie-Speicher und der Paul Sabatier Universität in Frankreich teilgenommen.

Heiß – oder Kalt?

Es bestehen unterschiedliche Auffassungen darüber, ob die von der APS beschriebene Fusion eine „Kalte" oder „Heiße" Fusion ist. Schließlich können ja auch im Inneren kleinster Reaktoren (die gelegentlich nur die Größe eines Kugelschreibers haben) in deren atomaren Mikrostrukturen der Füllung hohe und höchste Temperaturen auftreten, die allerdings derart räumlich begrenzt sind, dass sie zwar beim Fusionsprozess eine Rolle spielen, aber außerhalb dieser Mikrostrukturen nicht in Erscheinung treten. Aus dieser Tatsache wollen manche Physiker ableiten, dass auch dieser Vorgang in Wirklichkeit eine „Heiße" Fusion ist. Diese Auffassung kann man vertreten, bei einer Gesamtschau auf die Unterschiede der Kalten und Heißen Fusion ist diese Auffassung jedoch absurd. Die Baustelle des Versuchsreaktors ITER ist absolut riesig. Man könnte meinen, hier entstünden gleich mehrere Atomkraftwerke. Wie schon beschrieben, werden Laser irgendwann abenteuerlich hohe Temperaturen erzeugen, die eine Fusion von Wasserstoffatomen herbeiführen sollen, freischwebend zwischen riesigen Magneten. Die ganze Anlage müsste außerdem mit einer massiven Betonhülle umgeben sein, denn die Kernfusion erzeugt zwar keine Radioaktivität, aber doch Neutronenstrahlung, die im Gegensatz zur Radioaktivität kurzlebiger und einfacher abzuschirmen ist. Dagegen sind Reaktoren der Kalten Fusion klein: zurzeit zwischen Kugelschreibergröße und Nachttischgröße, wobei die Größe durch den Wärmetauscher bestimmt wird, denn er ist erheblich voluminöser als der Reaktor selbst. Und die „Markenzeichen" bezüglich der Temperatur bei diesen kleinen Reaktoren sind zweierlei: ihr Betrieb findet bei Zimmertemperatur (außerhalb des Reaktors gemessen) bis mäßigen Temperaturen (max. 1200 °C innerhalb des Reaktors) statt und die für den Bau der Reaktoren verwendeten Materialien sind „handelsüblich". Ich halte es deshalb für durchaus vertretbar, diesen kleinen Reaktoren den Arbeitsbegriff „Kalte Fusion" zuzuordnen. Solch' unterschiedliche Auffassungen zu des Kaisers Bart verstellen auch unnötigerweise den Blick auf die unendlichen Möglichkeiten der Kalten Kernfusion. Sie hat das Potential, die Welt mehr zu verändern als die Informationstechnologie es getan hat.

So fing alles an

Sehen wir uns nun einmal an, wie sich die Kalte Fusion/LENR im Laufe der letzten Jahrzehnte entwickelt hat. Wie bei vielen Erfindungen gab es nicht nur **einen** Ursprung und nicht nur **einen** Entdecker. Bekannt geworden sind die Forschungen von Martin Fleischmann und Stanley Pons, zwei Elektrochemikern an der Universität Utah. Das man Palladium mit Wasserstoff „beladen" kann, war schon über ein Jahrhundert zuvor bekannt (ca. 1850, Thomas Graham). Nicht aber die Tatsache, dass sich daraus nukleare Reaktionen ergeben können. Als „F&P" Palladium in schwerem Wasser innerhalb einer Versuchsanordnung unter Strom setzten, wurde viel mehr und viel länger Wärme erzeugt, als dies konventionell möglich gewesen wäre. Um es plastischer auszudrücken: Der Tauchsieder heizte weiter, obwohl der Stecker gezogen war. Fleischmann und Pons hat diese Entdeckung kein Glück gebracht. Weil sie den Versuch selbst und auch andere ihn zunächst nicht replizieren konnten, wurde ihnen die wissenschaftliche Seriosität aberkannt. Dass der Versuch in späteren Jahren hundertfach erfolgreich repliziert wurde, interessierte dann nicht mehr. Und so kommt es, dass die EU-Kommission 2012 vom Fleischmann & Pons Effekt (FPE) spricht und die Forschungen fördert, man dreißig Jahre zuvor die Erfinder jedoch mit Schimpf und Schande „in die Wüste schickte". Die Desinformation über Fleischmann und Pons wird von interessierten Kreisen bis heute in **verantwortungsloser** Weise zum Schaden der Verbraucher und der Umwelt „gepflegt". – Der Grund, dass die Replikation damals zunächst nicht gelang, könnte gewesen sein, dass das verwendete Palladium vor den Replikationsversuchen nicht ausreichend von eingedrungenem Sauerstoff befreit wurde. So wurde dann das „Beladen" mit Deuterium verhindert, weil die Gitterstruktur schon von Sauerstoff „besetzt" war.

Gewinninteressen

Die folgenden Kapitel sind immer wieder von Geschichten, Tendenzen und Vorkommnissen durchzogen, die eines zeigen: wie unwillkommen die Kalte Fusion ist. Beim Verbraucher selbst, bei den Menschen in Stadt und Land, in Entwicklungs- und Schwellenländern, überall wäre die Kalte Fusion hoch willkommen, wenn man sie denn kennen würde. Denn sie befreit vom Preisdiktat der Energiekonzerne, sie schont die Umwelt und ist billig. Aber die Menschen kennen sie nicht und so baut sich kein politischer Druck auf, um der Kalten Fusion den entscheidenden Schub zu verleihen. Die Heiße Fusion dagegen wird seit Jahrzehnten mit Unmengen Geldes versorgt, weil sie einerseits wissenschaftlich logisch, aber andererseits eine „Feigenblatt"-Funktion auf dem Gebiet der sauberen Atomforschung innehat, obwohl sie von Anfang an den Keim der Erfolglosigkeit in sich trug. Wissenschaftler, die sonst viel Zeit damit verbringen, Forschungsbudgets zu erlangen, haben mit der Heißen Kernfusion seit Jahrzehnten das große Los gezogen: Geldsorgen gibt es nicht und Politik und Öffentlichkeit stört es nicht, dass von jeher keine Erfolge sichtbar und auch nicht zu erwarten sind. Stattdessen haben wir eine Jahrzehnte währende „Ankündigungspolitik", die jeden Wahlkampf bei weitem in den Schatten stellt. Selbst wenn die Heiße Kernfusion irgendwann gelingen sollte stellen sich zwei entscheidende Fragen:

1. Produzieren die Anlagen tatsächlich Überschussenergie, also mehr Energie als sie selbst verbrauchen und **2**. Zu welchem Preis. – Es ist zu vermuten, dass selbst die heutigen Techniken der Wind- und Solarenergie billigere Energie produzieren als eine Heiße Kernfusion liefern könnte. Dabei sind die Milliardenbeträge nicht mitgerechnet, die die Forschungen zur Heißen Fusion seit rund 30 Jahren bereits verschlungen haben. Die Forschungen zur **Kalten** Fusion werden dagegen seit jeher von Idealisten auf eigene Kosten betrieben, die es sich trotz ihrer nachweisbaren Erfolge zudem gefallen lassen müssen, von großen Teilen der Fachwelt verspottet und angefeindet zu werden.

Eine Ausnahme bilden die Forschungen des US-Militärs und der NASA. Eine Zusammenarbeit mit dem US-Energieministerium (DOE) findet übrigens dabei so gut wie nicht statt. Warum ist das so und warum tut sich die Presse so schwer, positiv über die Kalte Fusion zu berichten, warum interessiert sich die Politik kaum und, vor allen Dingen, warum gibt es so viel aktiven, verbissenen und zähen Widerstand gegen die Kalte Fusion? Da kommt einem zunächst der Begriff „Verschwörungstheorie" in den Sinn, der heute gelegentlich leider auch als Universalschlüssel dazu genutzt wird, um Diskussionen abzuwürgen. Aber bei der KF gibt es keine Verschwörung: Man verhindert sie, weil man es **kann**, und zwar aus den unterschiedlichsten Motiven und Interessenlagen. Dabei kann man sich darauf verlassen, dass die breite Öffentlichkeit sich diesem Verhindern nicht entgegenstellt, denn der Unterschied zwischen Heißer und Kalter Fusion und Kernspaltung wird nicht verstanden, die Auswirkungen der Einsteinschen Formel $E=MC^2$ schon gar nicht. **In diesem Nebel der Unwissenheit lässt sich zu Lasten der Verbraucher massig Geld verdienen.** (Und die Schere zwischen „arm" und „reich" öffnet sich weiter und weiter.) Der Kampf um das „schwarze Gold" (ich beschränke mich hier auf das Erdöl) wird in seiner Konsequenz und Brutalität nur noch vom Drogenhandel übertroffen. Es werden Kriege geführt, Staatsgrenzen nach Bedarf verschoben, Regierungen gestürzt oder eingesetzt. Ein Beispiel: Der **demokratisch gewählte** Premierminister des Iran, Mossadegh, wollte 1953 die Ölindustrie verstaatlichen, deren Einnahmen bisher ins Ausland abflossen. Durch die Geheimoperation „Ajax" wurde

Mossadegh gestürzt. Der Plan wurde zuvor vom englischen Premierminister Churchill und dem amerikanischen Präsidenten Dwight D. Eisenhower genehmigt und mit einem Budget ausgestattet. Mit Hilfe der CIA inszenierte man einen Putsch, der Mossadegh das Amt kostete. Erst vor wenigen Jahren hat man sich für dieses Vorgehen beim Iran entschuldigt. Angeblich sehnte sich das Volk nach der Rückkehr des Kaisers, Schah Mohammad Reza Pahlavi. Der war völlig überrascht, als man ihn an einer Bar in Griechenland auftrieb und in sein „Amt" als Kaiser (Schah) einsetzte. Man muss sich das auf der Zunge zergehen lassen: dem Volk wird eingeredet, dass es besser sei, einen „Herrscher auf dem Pfauenthron" zu haben, anstatt die Öleinnahmen im Land zu halten und sinnvoll einzusetzen. Geradezu zynisch, aber eher wohl einfach dumm waren während seiner Regierungszeit weltweit die Berichterstattungen in der „Yellow Press" über das Glamour-Paar Pahlavie und seine Frau Soraya, die er später zu Gunsten von Farah Diba verstieß, weil sie ihm keinen Thronfolger schenkte. Man war voller Bewunderung und die Menschen in aller Welt ließen sich von dem Glanz des Kaiserpaares blenden. – Auf die Unwissenheit „des Volkes" scheint man sich eben verlassen zu können. Vom Verlust der Demokratie ganz zu schweigen. Es ist leicht, über die

„Operation Ajax" zu recherchieren, das Internet ist voll davon. Eine von vielen Quellen ist der Artikel „Irans gestohlene Demokratie": (**Link 2**) Warum wählte man diese eindeutig kriminelle Vorgehensweise: Es war der Durst nach billiger Energie und der Durst auf praktisch unbegrenzte Profite. Diese Politik setzt sich fort bis heute, Kriege wurden geführt und Kriegsgründe werden erlogen. Was ist das „Wunderbare" am Erdöl? Für die Verkaufserlöse muss man kaum arbeiten. Nicht immer musste man das Öl „pumpen". Die Lagerstätte wurde angebohrt und der Druck der darüber liegenden Erdschichten ließ es nach oben quellen oder es ergoss sich sogar in hohen Ölfontänen, die dann mit Ventilen gebändigt werden mussten. – Den Rest an dieser Gewinnoptimierung erledigt bis heute das Kartell der OPEC. An der **Kalten Fusion lässt sich nichts verdienen**, die Rohstoffe sind praktisch umsonst und zudem reichlich, für tausende von Jahren, vorhanden, zudem geht der Verbrauch dieser Rohstoffe gegen null. Denn verbraucht wird ja nur deren „Bindungsenergie". Die Unterschiede könnten krasser nicht sein: Überall auf der Welt, wenn man nicht von Ölvorkommen profitieren kann, geht man brav zur Arbeit und schafft Güter zur eigenen Versorgung oder zum Verkauf. Wenn dagegen in Saudi-Arabien ein dortiger Staatsangehöriger einer profanen Beschäftigung nachgehen soll, zahlt ihm der Staat das Doppelte oder Dreifache seines Einkommens als Zuschuss dazu. Die wirkliche „Arbeit" wird in der Regel von jämmerlich bezahlten Gastarbeitern erledigt. Wenn Saudi-Arabien, außer dem Erdöl, etwas exportiert, ist das die mittelalterliche, gewaltaffine Religion des Wahabismus, einer besonders rückwärtsgewandten Form des Islam. Überall auf der Welt finanziert Saudi-Arabien den Bau von Moscheen. Aber nicht nur das: Saudi-Arabien finanzierte auch das Attentat auf das World-Trade-Center. Ob dies durch staatliche Stellen oder einflussreiche Bürger geschah, sei dahingestellt. Praktisch alle Attentäter kamen aus Saudi-Arabien. Länder wie Saudi-Arabien sind zur Finanzierung ihrer Staatsausgaben auf Öleinnahmen angewiesen. Man braucht dort einen Ölpreis von rund 70–80 $ pro Barrel, um den Haushalt zu finanzieren, andere Länder brauchen weniger oder mehr: Venezuela 117,5, Nigeria 139, Kuwait 49. Diese Länder können leicht selbst ausrechnen, wann ihnen das Geld ausgeht, wenn sich erneuerbare Energien und die Nuklearenergie in ihren verschiedenen Formen weiter durchsetzen. Wenn man sich vorstellt, welche riesigen Summen die Öleinnahmen ausmachen, ist es leicht vorstellbar, dass alle Formen des Lobbyismus (in allen seinen Ausdrucksformen) zum Einsatz kommen, um diese Einnahmen zu sichern und zu halten. Wieviel „Trolle", „Desinformanten", „Lobbyisten", „Influencer" aller Art auf den Gehaltslisten der Energie-Lobby stehen, lässt sich nur erahnen. Eher schlimmer sind politische Einflussnahmen und die Einflussnahme auf Massenmedien. Genug Geld hat man ja. Andere ölproduzierende Länder und Regionen sind von einem Verfall der Ölpreise unterschiedlich betroffen, es hängt davon ab, wie hoch der Anteil der Öleinnahmen am gesamten Steueraufkommen ist. Bei Russland spricht man z. B. im Spaß von „einer Tankstelle mit angeschlossenem Staatswesen". Bei vielen Ölförderstaaten geht es also um nichts weniger als um die Existenz. Der Preis für ein Barrel Rohöl der Sorte WTI (West Texas Intermediate) liegt seit Monaten (Ende 2020) bei plus/minus 40/55 $. Der zum Ausgleich des Staatshaushaltes in Saudi-Arabien nötige Preis von 70–80 $ ist in den letzten fünf Jahren nur 2018 für einige Zeit erreicht worden. Die staatliche saudische Ölfördergesellschaft Aramco hat sich verpflichtet, jährlich eine Dividende von 75 Mrd. $ zu zahlen, wovon der größte Teil in den Staatshaushalt Saudi-Arabiens einfließt. In Verkennung der eigenen Situation finanziert Aramco derzeit diese Dividende mit der Aufnahme von Schulden. Wenn die Instrumentarien des Kartells weiterhin nicht funktionieren, **wird man Krisen benötigen**, um den Ölpreis in die Höhe zu treiben. Bei einer Krise steigt die Angst vor einer Verknappung des Angebotes und Verknappungen, befürchtete oder tatsächliche, lassen die Preise steigen. Ein paar Schüsse in der Straße von Hormus reichen. Auch bei der erdöl**verarbeitenden** Industrie geht es um die Existenz. Dabei sprechen wir von „Big-Oil", den großen Raffinerien und Vermarktern wie Esso, Shell usw. Ich spreche hier von Entwicklungen, die bereits eingesetzt haben, die mittelfristig eintreten werden oder erst in Jahrzehnten eintreten. Denn industrielle Strukturen ändern sich nicht von heute auf morgen. Nur eines ist klar: Aktienkurse nehmen absehbare Entwicklungen voraus. Das bedeutet, wenn klar werden sollte, dass Erdöl auf lange Sicht wertlos wird (und solche Schlagzeilen gab es schon) geht der Preis von Erdöllagerstätten schon bald „in den Keller", denn Erdöl, das im Boden bleibt, ist nichts wert und kann damit auch nicht mehr als Sicherheit für Kredite dienen.

Es geht aber auch um die Energiekonzerne, die mit der Förderung und Vermarktung von Erdöl wenig zu tun haben, wie EON, Vattenfall u. a. Diese Versorger nutzen zwar im Wesentlichen andere Energiequellen als Erdöl, aber sie wären von einer breiten Einführung der Kalten Fusion auf längere Sicht massiv betroffen. Der Grund: In letzter

Konsequenz benötigt die Kalte Fusion kein Verteilernetz. Alle diese Versorger können mit jeglicher Art von Energie „leben", solange sie die Verteiler sind. Die **zentrale** Erzeugung von Strom ist das Lebenselixier der Versorger. Wenn man einmal das Monopol der Durchleitung hat, bedient sich an den Einnahmen natürlich auch der Staat. Er verteuert nicht nur den Strom, sondern sorgt auch dafür, dass Führungspositionen mit eigenen Parteimitgliedern besetzt werden. Dabei ist mir natürlich klar, dass diese Zuschläge überwiegend sinnvoll, z. B. zur Förderung der Wind- und Solarenergie eingesetzt werden. Aber: Die Verteilung von Strom dient auf diesem Wege als Finanzierunginstrument des Staates und hat uns so die teuerste Elektrizität der Welt beschert. Das heißt, auch bei den Energiekonzernen geht es auf lange Sicht um die Existenz. Auch deswegen kann man sich eher für die sog. **Heiße** Fusion erwärmen: sie ist nämlich Großindustrie und benötigt zwingend ein Netz zur Verteilung der Energie. So ist dann ihre Unterstützung der Heißen Fusion sicher auch eine Strategie zur Zukunftssicherung. Vor Jahren habe ich mich einmal für eine andere Form alternativer Energiegewinnung interessiert. Dazu sollte ein Physiker einer deutschen technischen Hochschule Stellung nehmen. Dieses, natürlich ablehnende, Gutachten kam, aber es wurde auch bekannt, dass dieser Hochschulangehörige gleichzeitig im Telefonbuch eines Energiekonzerns aufgeführt war. – Die Energiekonzerne sorgen mit Forschungsaufträgen an die deutsche Wissenschaft dafür, dass diese sich in „die richtige Richtung" bewegt.

Die Kalte Fusion
und die Wissenschaft

Mir ist von Anfang an klar gewesen, dass ich mit meinen Ausführungen den Zorn einiger Wissenschaftler auf mich ziehe. Ich habe das auch schon zu spüren bekommen. Aber ich kann um der Wahrhaftigkeit willen die teilweise wenig ruhmreiche Rolle der Hochschulen beim Thema der Kalten Fusion nicht einfach verschweigen, denn sie tragen ein Gutteil der Schuld daran, dass die Kalte Fusion, gerade in Deutschland, gegenüber anderen Ländern einen erheblichen Rückstand hat. Soweit ich Physiker aus den Hochschulen kennengelernt habe, standen sie immer auch im Wettbewerb um Forschungsbudgets. Die Forschungen drehten sich nicht nur um „ideale" Forschungsziele, sondern gelegentlich auch darum, irgendetwas zu erforschen, wenn man nur ein Budget oder zusätzliche Honorare generieren konnte. Während bis vor kurzem die Forschung an der Kalten Fusion noch ein „Todesurteil" für die wissenschaftliche Karriere darstellte, wurde sie akzeptabel, als die EU Fördergelder aus dem Programm „Horizon" zur Verfügung stellte. Man hatte wieder ein Budget! Für Physiker mit Zeitverträgen ist das eine Frage des beruflichen Überlebens. Zum Horizon-Programm später mehr.

Kalte Fusion in den USA und anderen Staaten

Ohne die USA hätte die Kalte Fusion niemals die Fortschritte machen können, die sie schließlich machte. Und ohne die nicht zu bremsende und zu beherrschende Publikationsmacht des Internets wäre es interessierten Kreisen mit Sicherheit gelungen, die Kalte Fusion einfach zu verschweigen, „nicht geschehen" zu machen. Wie sehr diese Publikationsmacht ganz allgemein stört, sieht man derzeit an den weltweiten Bemühungen, sie wieder „einzufangen". Den folgenden Aufsatz habe ich im Internet gefunden, mittlerweile gibt es den Link nicht mehr. Er stammt bereits aus dem Jahre 2012. Interessant ist dabei, dass er von der HighTec Firma National Instruments veröffentlicht wurde. Der Text stammt von Dr. Duncan, Vizekanzler für Forschung an der Universität von Missouri. Er schreibt über den anomalen Hitzeeffekt und das Mysterium der Kalten Fusion. Mittlerweile sind die Forschungen wesentlich weiter, aber der Text ist dennoch interessant. Ich übersetze, teilweise sinngemäß und gekürzt:

*Seit 1926 gab es über **200 Beobachtungen intensiver Hitzeerscheinungen** in Palladium, wenn es übermä-*

ßig mit Deuterium beladen wurde. Sehr sorgfältige Arbeiten an zwei Laboratorien, namentlich dem Marine-Forschungslabor in den Vereinigten Staaten und bei der ENEA, dem nationalen Energie-Laboratorium von Italien und in vielen anderen Laboren überall auf der Welt, zeigen ganz klar, dass diese extreme Überschussenergie **tatsächlich real ist, obwohl früher das Gegenteil behauptet wurde.** – Ich will erklären, warum diese Effekte so schwer wiederholbar waren. **Diese Effekte waren ‚Anomalien', weil wir nicht verstehen, welche die physikalischen Prozesse für die Entstehung dieser oft extremen Hitze sind.** Man hat diese Effekte zunächst ‚Kalte Fusion' genannt oder auch ‚Low Energy Nuclear Reactions', aber diese Bezeichnungen implizieren ein Verständnis der physikalischen Vorgänge, welches bisher nicht existiert. Daher bevorzuge ich den Begriff ‚AHE – Anomaler Hitze-Effekt.'

Die Kalte Fusion und das Massachusetts Institute of Technology (MIT)

Es gibt für mich keine Veröffentlichung, die die Anfangstage der Kalten Fusion unter Pons und Fleischmann so genau beschreibt, wie ein umfangreicher Artikel des Magazins „Foreign Policy" vom 7. Juli 2016. (Der Original-Artikel ist im Internet nicht mehr abrufbar. Er hieß „the coldest case" – also ein vergessener, unaufgeklärter Kriminalfall.) Dabei geht es um das Schicksal des Wissenschaftlers und Pressereferenten des MIT Eugene Mallove. Dieser sehr lange Artikel beschreibt im Detail, wie man mit der Erfindung von Pons und Fleischmann umgegangen ist. Wir haben es hier wohl mit einem Dokument der Zeitgeschichte zu tun. Ich habe vor einigen Jahren einmal eine Veröffentlichung gelesen, in welcher dokumentiert war, wie groß der Einfluss der Carbon-Industrie auf das Energieministerium der USA ist: **er ist umfassend**. So war die Entscheidung für die **Heiße** Fusion nicht in erster Linie eine Entscheidung für eine möglicherweise saubere Industrie der Zukunft, sondern eine Entscheidung „Pro Carbon". Die nahezu hundertprozentige Aussichtslosigkeit der angestoßenen Forschung zur Heißen Fusion verschaffte viele Jahre Zeit zum Verdienen

mit Karbonprodukten. Ganz „treffend" war der Kommentar aus „Nature": „Die Kalte Fusion ist tot, und zwar für lange, lange Zeit". Das impliziert nämlich eines: dieser Tod gilt offensichtlich nicht für immer, denn man wusste sicherlich sehr genau, welches Potential die Kalte Fusion hatte: ein für die Carbon-Industrie höchst unwillkommenes. Hier nun Auszüge meiner Übersetzung aus „Foreign Policy": *Als Granger aus ihrem Lieferwagen in den kühlen Abend in Neuengland trat, erhellte ein sanftes Licht die Einfahrt. Und dort, auf dem Rücken liegend, fand sie einen barfüßigen Mann, dessen Bart buschig und schwarz war. Er trug ein weißes T-Shirt und eine khakifarbene Hose. Er war mit Blut bedeckt. Granger rannte zurück zu ihrem Wagen und wählte den Notruf. „Er bewegt sich nicht", sagte sie der Vermittlung. „Er sieht aus, als sei er tot."*
Etwa zwei Meilen entfernt befand sich Detective James Curtis auf dem Parkplatz des Norwich Police Department und machte sich bereit, nach Hause zu fahren, als ein Notruf den Mord an der 119 Salem Turnpike ankündigte. Der ehemalige Polizeibeamte des New Yorker Polizeiamts war nicht sonderlich besorgt. „Es schien nicht so, als ob da etwas Unerhörtes dran war", sagt er. „Solche Dinge passieren." In kurzer Reihenfolge erfuhr er drei Informationen über das Opfer: Sein Name war Eugene Mallove; er war 56 Jahre alt; und obwohl er der Vermieter des Hauses war, lebte er fast drei Stunden ent-

fernt in Bow, New Hampshire. Nach dem Zustand des Mannes zu urteilen – er wurde geschlagen, erstochen und mit 32 Schnittwunden im Gesicht zurückgelassen –, war Curtis fast sicher, dass dieser Mord, was immer das Motiv sein mag, persönlich war. „Sein Gesicht", erinnert sich Curtis, „sah aus, als wäre es durch einen verdammten Fleischwolf gedreht worden". Das war 2004. In den nächsten 11 Jahren würde die Frage, wer Mallove tötete, Curtis auf einen Weg führen, den er nie erwartet hätte. Mallove, so entdeckte der Detektiv, war einer der weltweit offensivsten Befürworter der Kaltfusion. „Das ist Wissenschaft, die weit über meinem Intellekt liegt", sagt Curtis. Doch die Kalte Fusion ist nicht nur eine komplizierte Form der Kernenergie. Sie ist auch höchst umstritten. Die Befürworter sehen sie als den Heiligen Gral der Energie, als Schlüssel zur Rettung der Erde vor der Umweltzerstörung. Kritiker behaupten, dass sie vielleicht nicht einmal möglich ist – und dass jegliche Behauptung, sie sei bereits erreicht worden, völliger Irrsinn der Grenzwissenschaften sei. Um Mallove zu verstehen und um zu verstehen, was sein Tod bedeutete, musste man sich in eine Welt des Wissens und der Intrigen begeben, in der der Wissenschaftler einst gekämpft und gearbeitet hatte. Nachdem er in Harvard in Umweltgesundheitswissenschaften promoviert hatte, arbeitete Mallove in Firmen, die alternative Antriebsmethoden für Raumfahrzeuge erforschten, um Menschen zu den Sternen zu schießen. Doch das Leben im Labor erwies sich als zu isolierend. Mallove erkannte, dass seine Berufung nicht darin bestand, die Wissenschaft zu konstruieren, sondern die neuesten Trends, Technologien und Entdeckungen für ein Massenpublikum zu übersetzen. Nachdem er an Publikationen wie der Washington Post und der MIT Technology Review mitgewirkt hatte, bekam Mallove seinen ersten Vollzeit-Journalistenjob bei Voice of America. 1987 schloss sich der Kreis seines Berufslebens, als er als leitender Wissenschaftsautor für das MIT News Office unterschrieb, nur 70 Meilen von seinem Haus in New Hampshire entfernt. Wenn es einen Tag gab, der den Verlauf von Mallove's Leben verändert hat, dann war es wahrscheinlich der 23. März 1989, als die Elektrochemiker Martin Fleischmann und B. Stanley Pons einen Raum voller Reporter an der Universität von Utah einberiefen. Die bebrillten Wissenschaftler in dunklen Anzügen beschrieben, wie sie mit Hilfe einer Autobatterie in einem Glas mit schwerem Wasser einen elektrischen Strom durch eine Kathode aus Palladium, einem seltenen Metall, leiten konnten. Die Wassertemperatur war von 30 auf 50 Grad Celsius angestiegen und blieb dort fast vier Tage lang. Dass die Elektrochemiker durch das Zusammendrücken von Atomen Wärme freigesetzt hatten, war kein neues Konzept. Jahrzehntelang hatten Wissenschaftler in Regierungs- und Universitätslabors mit Kernfusion gearbeitet – mit kostspieligen Geräten, um eine Temperatur von Millionen von Grad zu erzeugen –, um den Prozess nachzuahmen, der die Sonne und die Sterne antreibt. Fleischmann und Pons hatten jedoch eine Kernreaktion bei Raumtemperatur auf einer Tischplatte erreicht. Mallove war, wie andere Wissenschaftler und Forscher auf der ganzen Welt, über das, was er hörte, fassungslos: das Team hatte die Kalte Fusion entdeckt. Das Potenzial dieses preiswerten „Sterns im Glas", wie es benannt wurde, war immens. Wenn er im kommerziellen Maßstab reproduziert wird, könnte die unbegrenzte, kohlenstofffreie Energiequelle den Planeten vom Joch der fossilen Brennstoffe befreien. (Zwölf Stunden nach der Ankündigung von Fleischmann und Pons verlor die Exxon Valdez ironischerweise Millionen von Gallonen Öl vor der Küste Alaskas). Die New York Times nannte die Kalte Fusion „die größte Entdeckung seit dem Feuer". Time und Newsweek bezeichneten die beiden Elektrochemiker als „das thermodynamische Duo". Während die Presse die Entdeckung ankündigte, mahnten einige Wissenschaftler zur Vorsicht. „Nehmen wir an, Sie entwerfen Düsenflugzeuge, und dann hörten Sie plötzlich in den CBS-Nachrichten, dass jemand eine Antigravitationsmaschine erfunden hat", sagte Ian Hutchinson, ein Fusionsforscher am MIT, dem Philadelphia Inquirer kurz nach der Ankündigung. „So fühle ich mich ... sehr skeptisch." Andere meinten, wenn Fleischmann und Pons wirklich erfolgreich gewesen wären, wären sie nicht mehr am Leben. Die Billionen von Reaktionen, die für die Kalte Fusion erforderlich sind, hätten die Elektrochemiker und alle anderen im Raum mit tödlicher Strahlung überschwemmt, sagt Robert McCrory, Professor für Physik an der Universität von Rochester. Dennoch machten sich Nuklearwissenschaftler aus der Nähe des MIT und von Stanford- bis zur ungarischen Kossuth-Lajos-Universität und dem englischen Rutherford Appleton-Labor daran, das Experiment zu wiederholen. Mallove sollte über diese Hektik berichten. „Jeder, der sich in der Heißen Fusion befand, hatte ein kleines Kellerexperiment laufen … um zu sehen, ob es etwas gab", sagt Ron Parker, der von 1988 bis 1993 das Plasmafusionszentrum des MIT leitete (heute ist es als Plasma Science and Fusion Center bekannt). Am Texas A&M und am Brookhaven National Laboratory bestätigten die Forscher die Beobachtungen aus Utah – aber sie konnten keine Hinweise auf Strahlung finden. Ohne diese waren sie sich nicht sicher, was genau die Ursache für die überschüssige Wärme war. Dies stellte Fleischmann und Pons Behauptung in Frage, dass ihr Experiment „nur auf einen nuklearen Prozess zurückzuführen sei". Doch die Kritik der Labors schien die bereits in Gang gekommenen Finanzierungsmöglichkeiten nicht zu beeinträchtigen. Die Legislative von Utah schuf einen Fusionsenergie-Beirat und stellte 5 Millionen Dollar für die Kaltfusionsforschung an der Universität von Utah zur Verfügung. Die Schule wandte sich für weitere 25 Millionen Dollar an den Kongress. – Am MIT war eine Gruppe von Wissenschaftlern hinsichtlich der Zukunft der Kalten Fusion nicht optimistisch. Tatsächlich waren sie nicht einmal sicher, dass sie jemals existiert. In den zwei Monaten, nachdem Utah seine Behauptungen aufgestellt hatte, verfolgte das MIT das Experiment von Fleischmann und Pons und versuchte vergeblich, es zu replizieren. Besorgt bot das MIT dem Boston Herald ein Exklusivinterview an. „MIT Bombe macht Fusionsdurchbruch kalt", lautete die Schlagzeile. In dem Artikel wurde Parker zitiert, der die Arbeit als „wissenschaftliche Spielerei" abtat und sagte, Fleischmann und Pons hätten die Ergebnisse falsch dargestellt. „Alles, was ich aufgespürt habe, war gefälscht", sagte Parker der Zeitung, „und ich denke, wir sind es der Gemeinschaft der Wissenschaftler schuldig, diese Typen auszuräuchern". Die Grundlage ihrer Ergebnisse wurde zwei Monate später in einem 67-seitigen Bericht des Fusionszentrums des MIT veröffentlicht. Die US-Regierungsinstitutionen schlossen sich in der Folge den Ansichten der Universität an. Im November dieses Jahres gab das Energieministerium bekannt, dass es keine Hinweise darauf gefunden habe, dass die Kalte Fusion zu nützlichen Energiequellen führen würde, obwohl es eingeräumt hatte, dass „noch ungelöste Fragen bestehen, die interessante Auswirkungen haben könnten". Die Abteilung sagte, sie werde keine Programme oder Forschungszentren einrichten, die sich diesem Bereich widmen. „Es ist tot", berichtete der Redakteur des renommierten Wissenschaftsjournals „Nature", John Maddox, „und es wird für eine lange, lange Zeit tot bleiben". Mallove war *jedoch nicht bereit, sie aufzugeben. Im Vertrauen darauf, dass sie eines Tages die Antriebssysteme für begrenzte Reisen ins All antreiben würde, konnte Mallove das Energiepotenzial der Kalten Fusion auf der Erde nicht verleugnen. Nachdem das Plasmafusionszentrum seinen ablehnenden Bericht veröffentlicht hatte, bekam er einige der Labornotizen in die Hände. Vor allem zwei Tests erregten seine Aufmerksamkeit. Seinem Verständnis nach hatten Forscher des MIT am 10. Juli 1989 überschüssige Wärme gefunden, wodurch wichtige Elemente des Utah-Experiments erfolgreich repliziert wurden. Drei Tage später seien diese Daten, wie er behauptete, verändert worden. Im Abschlussbericht der Schule, der zufällig vom Energieministerium finanziert worden war, hatte das Plasmafusionszentrum „wissenschaftlichen Betrug" begangen, so Mallove später. Seinen Kollegen gegenüber spekulierte Mallove, dass das Labor absichtlich seine Ergebnisse falsch berichtet hatte, um Budgetmittel in die „Heiße Fusion" umzuleiten. 1991 reichte Mallove eine formelle Beschwerde beim MIT-Präsidenten Charles Vest ein und bat um eine Untersuchung. In der Überzeugung, dass die Kalte Fusion nicht so schnell abgeschrieben werden sollte, begann Mallove, den Kampf um das Thema genau zu dokumentieren. Es sollte Futter für sein Buch „Fire from Ice: Searching for the Truth Behind the Cold Fusion Furor" („Feuer aus Eis: Auf der Suche nach der Wahrheit hinter dem Furor der Kalten Fusion") werden. Letztendlich unterstützte Vest die Ergebnisse von Par-*

kers Team und lehnte es ab, Mallove's Behauptungen zu untersuchen. Doch für einige außerhalb des MIT erschienen Mallove's Bedenken nicht so unvernünftig. Als sein Buch 1991 veröffentlicht wurde, stachen unter den frühen Lesern bemerkenswerte Verbündete hervor, darunter der Nobelpreisträger Julian Schwinger, der MacArthur-Fellow Frank Sulloway und der Physiker Henry Kolm, Mitbegründer des Francis Bitter National Magnet Laboratory des MIT, der das Werk als „ein Meisterwerk der wissenschaftlichen Dokumentation" bezeichnete. Mallove's Arbeitgeber hat keine offizielle Antwort gegeben. Aber der Schaden war angerichtet. Am 7. Juni 1991 schrieb Mallove ein Rücktrittsschreiben an die Leiter der Nachrichtenzentrale und kritisierte die Einrichtung. „Ich bin stolz darauf, ein Absolvent des MIT zu sein, aber ich bin empört, beschämt und erstaunt über das, was hier geschehen ist", schrieb er. „Die bisher sichtbarste Reaktion des MIT auf die Kalte Fusion … war eine entsetzliche Arroganz und Intoleranz, kombiniert mit Aktionen, die das Verständnis des Phänomens hier und anderswo erheblich behindert haben". „Es ist nur eine Frage der Zeit das dies aufgedeckt wird und es könnte früher sein, als viele glauben". Damit packte Mallove seine Sachen zusammen und verließ den Campus für immer. Irgendwann erhielt Mallove eine Nachricht, die er sich in all den Jahren seiner beruflichen Opfer gewünscht hatte. Das Energieministerium kündigte an, dass es die neuesten Erkenntnisse der Kaltfusionsforschung überprüfen würde.

„Es hätte nie einen Krieg gegen die Kalte Fusion geben sollen, aber es gab einen", sagte Mallove gegenüber den Desert News. „Und er geht zu Ende, ein kreischender Stillstand ... und ist ein Durchbruch." Er gründete den Blog „Infinite Energy" und versuchte sich selbst mit Hilfe von Sponsoren an der Kalten Fusion, was ihm aber nicht gelang. – Auf der Suche nach weiteren Hinweisen suchte die Polizei die Örtlichkeit nach Einzelheiten ab. Zwei Tage nach dem Mord meldete sich ein Augenzeuge, der behauptete, einen weißen Mann mit einem Bandana gesehen zu haben, der Mallove's Fahrzeug vor dem Mohegan Sun, einem anderen Kasino in der Nähe von Foxwoods, fuhr. Der Zeuge griff später den 39-jährigen Joseph Reilly bei einer Polizeikontrolle auf. Reilly und sein Freund Gary McAvoy wurden zwei Tage nach dem Mord an Mallove verhaftet, weil sie in der Nähe von Groton, Connecticut, ein Fahrzeug gestohlen hatten. Nach Angaben der Polizei hatte Reilly, als sie die Männer fanden, Kratzer an den Händen und etwas, das wie Blut auf seinem Hemd aussah. Diese Details weckten den Verdacht bei den Ermittlern, als eine Haarprobe aus Mallove's Wagen sie zu dem 42-jährigen McAvoy führte. Das war alles, was die Ermittler brauchten: McAvoy und Reilly wurden im Juni bzw. Juli 2005 wegen Mordes angeklagt. Als der Fall durch das Gericht getragen wurde, konnte Curtis den Verdacht nicht loswerden, dass „etwas nicht stimmte", erinnert er sich. Es gab nicht genügend konkrete Beweise, die Reilly oder McAvoy mit

Mallove in Verbindung brachten. Im November 2008 erwies sich seine Vermutung als richtig, als die Verteidiger entdeckten, dass das staatliche forensische Labor einen Fehler gemacht hatte. Die Haarprobe gehörte zwar McAvoy, aber sie war nie in Mallove's Wagen gewesen. Vielmehr wurde sie dem Auto entnommen, in dem sich McAvoy befand, als er verhaftet wurde. Die Anklage gegen McAvoy und Reilly wurde fallen gelassen. Mallove's Witwe, Joanne, erzählte einer Lokalzeitung, dass die Familie wegen der Nachrichten „herzkrank" sei. Fast fünf Jahre nach dem grausamen Mord an Mallove stand Curtis wieder am Anfang.

Viel später wurde der Täter gefasst und verurteilt. Ob die Tat mit seinem Streit über die Kalte Fusion zu tun hatte, bleibt offen, aber die Geschichte um Mallove zeigt doch sehr plastisch, in welcher Atmosphäre die Ablehnung der Kalten Fusion damals zustande kam.

Pamela Mosier-Boss
und Lawrence Forsley

Pamela Mosier-Boss ist eine analytische Chemikerin, die von 1989 bis 2015 am Space and Naval Warfare Systems Center (SPAWAR) der US Navy in San Diego arbeitete. Im Jahr 2012 wurde ihr abrupt befohlen, ihre gesamte LENR-Forschung sofort einzustellen, alle nicht verwendeten Mittel zurückzugeben und alle weiteren Veröffentlichungen zum Thema LENRs einzustellen. Wie kam es dazu? Mosier-Boss' Bericht „Investigation of Nano-Nuclear Reactions in Condensed Matter" (**Link 4**) ist eine Zusammenfassung der LENR-Forschung bei SPAWAR (Space and Naval Warfare Systems Command). Sie und Ihr Mitautor Lawrence Forsley kamen zu dem Ergebnis, das LENR real ist. Nachdem ihre LENR-Forschung beendet wurde, musste sie **mehrere Jahre** um die Erstellung des Berichts und seine öffentliche Freigabe kämpfen. Rund vier Jahre hat das Hick-Hack um dieses Dokument gedauert. Ein Grund dafür war vielleicht auch die folgende Passage des Berichts: **„Eine solche Technologie hätte tiefgreifende Auswirkungen auf eine der größten finanziellen und ökologischen Kosten: Verbrennung von Kohlenwasserstoffen aus importiertem Öl** und Gas mit dem damit verbundenen CO2-Fußabdruck. Tatsächlich sind viele US-Militäraktionen in diesem Jahrhundert und die meisten, die in den 1990er Jahren kostspielig waren, durch die Geopolitik des Erdöls oder deren Folgen angetrieben. Die abnehmende Verwendung von ausländischem Öl würde sowohl zu Energieeinsparungen als auch zu einer Reduzierung des US-Militärs führen, nämlich durch die Präsenz- und Flottenkosten bei der Aufrechterhaltung des Zugangs zu ausländischem Öl und natürlichen Reserven."* (Seite 81, **Link 4**) 2016 wurde also ein Bericht freigegeben der bereits 2012 fertig war. Die Presse reagierte auf den offiziellen Bericht durch eine Militärbehörde sehr unterschiedlich: Der „New Scientist" reagierte: *„Kalte Fusion: Die wissenschaftlich meist umstrittene Technologie ist zurück"*. Forbes titelte:

„ … ist Kalte Fusion machbar oder ist es Betrug?" … und gibt auch gleich selbst die Antwort, die an Unverschämtheit nicht zu überbieten ist, sie vergleicht nämlich die Kalte Fusion mit dem sog. „Schachtürken". (Das Wort „getürkt" hat u. a. diesen Ursprung). Bei diesem sah es so aus, als könnte ein Automat Schach spielen, in Wirklichkeit saß jedoch eine kleinwüchsige Person in dem Gerät. Und so hatte der theoretische Physiker Peter L. Hagelstein

wohl recht, als er am Ende einer Vorlesung zu LENR seinen Studenten diesen Chart (meine Übersetzung) zeigte:

Kalte Fusion, LENR, Überschussenergie und verbundene Themen sind kontrovers. Das Arbeiten auf diesem Gebiet ist zurzeit gefährlich für die Karriere. Es gibt eine sehr starke und energische Opposition. Es gibt nur wenig oder gar keine Unterstützung durch staatliche Stellen in den USA. Eigene Veröffentlichungen sind problematisch, sogar jetzt. Die Forschungsprobleme sind sehr groß. Das eigene professionelle und auch körperliche Leben können betroffen sein.

Dr. Andrea Rossi

Dass die Kalte Fusion bzw. LENR funktionierte und dass ein „kleiner quirliger Italiener" namens Dr. Andrea Rossi dies auch demonstrieren konnte, wusste die DTRA schon 2009. (Wahrscheinlich aber viel früher.) Mosier-Boss war nicht die einzige Wissenschaftlerin der DTRA, die sich um LENR kümmerte, sondern auch der Wissenschaftler Toni Tether. Er besuchte Dr. Andrea Rossi bereits im Jahre 2009. Der Autor Steven Krivitt befragte Tether (2016) nach seinem damaligen Besuch dort, obwohl dieser schon längere Zeit zurücklag. Tether bestätigte die **Richtigkeit von Rossis Behauptungen.**

Tether schrieb: „Ich musste in meinen Unterlagen „graben", um sicher zu sein, um z. B. eine Hotel- und eine Mietwagenquittung für das Jahr und den Monat zu finden. – Im Experiment wurde die elektrische Eingangsleistung (400 Watt, glaube ich), die Durchflussrate von Wasser und der Temperaturanstieg vom Ausgang zum Eingang des Wassers gemessen. In der Vorrichtung befand sich eine Wasserstoffquelle und die Masse des Wasserstoffs wurde gemessen, um sicherzustellen, dass die Verbrennung des Wasserstoffs keine Wärmequelle darstellt. Das Experiment ging stundenlang weiter, bis wir alle müde wurden, es anzuschauen. Die eingesetzte elektrische Energie (im Vergleich) zur Erhöhung der Wärmeenergieausgabe betrug 25 (kann hier etwas geringer ausfallen aber nichts, was die Schlussfolgerung ändern würde) und die Tatsache, dass dies für viele Stunden anhielt, ließ ausschließen, dass irgendeine chemische Reaktion die Ursache war.

Rossi weigerte sich zu erklären, was in der Flasche vor sich ging und deutete eine geheime Substanz an, die als Katalysator fungiert, er aber keine weiteren Einzelheiten nennen würde. Ich denke, das Fehlen von Details lag zum Teil daran, dass er wirklich nicht verstand, warum es funktionierte, aber es funktionierte definitiv; etwas Nicht-chemisches ging in der Flasche vor sich. Eine andere Erklärung für seine Zurückhaltung, Einzelheiten zu nennen, war, dass die Antwort so einfach war, dass sie leicht kopiert werden kann.
Tony"

Hier ist der gesamte Mail-Verkehr zu dieser Sache: **Link 5** Ich nehme an, dass die Beobachtungen von Tether die umfassende Untersuchung des Effektes durch Mosier-Boss/Forsley ausgelöst haben. Eventuell lief alles auch parallel.

Andrea Rossi wurde 1950 in Mailand geboren. Sein Vater besaß ein Metallbau-Unternehmen, wofür sich der Sohn seit frühester Kindheit interessierte und mitarbeitete. Er besuchte nach seiner Schulzeit ein philosophisches Kolleg, weil er den Zusammenhang zwischen Physik, Mathematik und Philosophie ergründen wollte. Mit 23 Jahren schloss er sein Studium an der Universität Mailand ab, nachdem er über den Zusammenhang von Einsteins Relativitätstheorie und der Phänomenologie von Husserl geschrieben hatte. Er promovierte an der Universität Mailand in Philosophie und erlangte außerdem an der „Liceo Scientifico Volta Milano" den Bachelor in Science. Bereits in jungen Jahren konstruierte er mehrere Maschinen und erlangte Patente. Er arbeitete zunächst acht Jahre in der Fabrik seines Vaters, dann war er für 16 Jahre Chef der Firma Dragon Engineering, danach fünf Jahre Produktions- und Entwicklungsleiter der Firma EON.Srl.n. 1997 gründete er die Leonardo-Corporation, die er bis heute leitet. In dieser Zeit entwickelte er den sog. „Energie-Katalisator", (E-Cat) ein Gerät, dass mit Hilfe von Lithium, Nickel und Hydrogen Überschussenergie erzeugt, also mehr Energie liefert, als ihm zugeführt wurde. Andrea Rossi hat 1996 mit der systematischen Erforschung des Fleischmann & Pons-Effektes begonnen. Gestützt hat er sich dabei auf die Forschungen des Biophysikers Francesco Piantelli und Sergio Focardi, einem Physiker der Universität Bologna. Schon Focardi führte seine Versuche nicht mehr nach dem Katalyse-System von F&P durch, sondern mit Nickel. Wie weit zu der Zeit Rossi mit seinen Experimenten war, ist mir nicht bekannt. Die Gerätschaften sind relativ einfach aufgebaut: Ein Behälter enthält Nickelpulver, dem über Lithium-Hydrid Wasserstoff zugeführt wird. Man veranlasst durch elektromagnetische Schwingungen, Druck und Hitze Wasserstoffatome zu Reaktionen. Früher, das sieht man aus der Beschreibung von Toni Tether, führte man den Wasserstoff von außen zu. Seit ein paar Jahren wird er aber Teil der Reaktorfüllung, wo er in Lithium-Hydrid gebunden ist. Wenn das scheinbar so klar und so einfach ist, warum machen das nicht auch andere mit Erfolg? Die Antwort: Es gibt in diesem Prozess zu viele Variable. Dies betrifft zum einen die Mixtur der verwendeten Elemente und deren Vorbereitung und zum anderen die Art der elektromagnetischen Schwingungen bzw. Resonanzen sowie die angewandten Reaktor-Temperaturen und deren Heizkurven. Ob Rossi die ideale Mixtur, die ideale Vorbehandlung und die ideale Resonanz auf Grund theoretischer Überlegungen oder durch Zufall gefunden hat, ist offen. Wahrscheinlich ist es eine Mischung aus beidem.

An dieser Stelle will ich auch gerne sagen, dass wahrscheinlich viele Bemühungen, Rossi durch Grundlagenforschung „auf die Spur" zu kommen, möglicherweise zum Scheitern verurteilt sind. Ein „Zufallsergebnis" kann man eben nicht systematisch erlangen. Rossi hat die ideale Rezeptur in Händen und bewahrt sie wie einen Schatz. Auch das 2015 erteilte US-Patent enthält nicht alle Details, um daraus Replikationen zu entwickeln, die einen ähnlichen Wirkungsgrad aufweisen wie Rossis E-Cat.

Das „Lugano-Gutachten"

Neben dem 2015 erteilten Patent ist das sog. „Lugano-Gutachten" der wichtigste Baustein zur Akzeptanz von Rossis Erfindungen. Ohne den (inzwischen verstorbenen) Professor Sven Kullander hätte es die Erfolgsgeschichte des E-Cat von Andrea Rossi nicht gegeben, jedenfalls nicht so schnell. Kullander hatte eine makellose Laufbahn als Physiker an der Universität Göteborg und arbeitete ebenso am CERN und in den USA. Er wurde zu Rate gezogen, als es darum ging, ein aufwendiges Gutachten über den E-Cat anzufertigen. Er besuchte Rossi und bescheinigte ihm einen „sauberen wissenschaftlichen Ansatz". Durch seine Fürsprache konnte das bekannte und entscheidende Gutachten erstellt werden. Wie konnte Kullander sich trauen, eine so kontroverse Technologie wie den E-Cat zu begutachten? Einer seiner ehemaligen Studenten traf ihn einmal zufällig auf dem Bahnhof und stellte ihm genau diese Frage. Der sagte sinngemäß: „Ach wissen sie, ich habe in meinem Leben als Wissenschaftler alles erreicht, ich mache mir über eventuelle Anfeindungen keine Gedanken." – Hier nun ein Auszug aus dem Lugano-Gutachten:

„Observation of abundant heat production from a reactor device and of isotopic changes in the fuel

Giuseppe Levi
Bologna University, Bologna, Italy

Evelyn Foschi
Bologna, Italy

Bo Höistad, Roland Pettersson and Lars Tegnér
Uppsala University, Uppsala, Sweden

Hanno Essén
Royal Institute of Technology, Stockholm, Sweden
October 6, 2014

ABSTRACT

New results are presented from an extended experimental investigation of anomalous heat production in a special type of reactor tube operating at high temperatures. The reactor, named E-Cat, is charged with a small amount of hydrogen loaded nickel powder plus some additives, mainly Lithium. The reaction is primarily initiated by heat from resistor coils around the reactor tube. Measurements of the radiated power from the reactor were performed with high resolution thermal imaging cameras.

The measurements of electrical power input were performed with a large bandwidth three phase power analyzer. Data were collected during 32 days of running in March 2014. The reactor operating point was set to about 1260 °C in the first half of the run, and at about 1400 °C in the second half. The measured energy balance between input and output heat yielded a COP factor of about 3.2 and 3.6 for the 1260 °C and 1400 °C runs, respectively. The total net energy obtained during the 32 days run was about 1.5 MWh. This amount of energy is far more than can be obtained from any known chemical sources in the small reactor volume. A sample of the fuel was carefully examined with respect to its isotopic composition before the run and after the run, using several standard methods: XPS, EDS, SIMS, ICP MS and ICP AES. The isotope composition in Lithium and Nickel was found to agree with the natural composition before the run, while after the run it was found to have changed substantially. Nuclear reactions are therefore indicated to be present in the run process, which however is hard to reconcile with the fact that no radioactivity was detected outside the reactor during the run."

Meine Übersetzung:

„Zusammenfassung

Es werden neue Ergebnisse aus einer erweiterten experimentellen Untersuchung der anomalen Wärmeproduktion in einem speziellen Typ von Reaktorrohr, das bei hohen Temperaturen arbeitet, vorgestellt. Der Reaktor mit der Bezeichnung E-Cat ist mit einer kleinen Menge wasserstoffbeladenem Nickelpulver und einigen Zusätzen, hauptsächlich Lithium, beladen. Die Reaktion wird in erster Linie durch die Wärme von Widerstandsspulen um das Reaktorrohr herum ausgelöst. Die Messungen der vom Reaktor abgestrahlten Leistung wurden mit hochauflösenden Wärmebildkameras durchgeführt. Die Messungen der elektrischen Leistungsaufnahme wurden mit einem dreiphasigen Leistungsanalysator mit großer Bandbreite durchgeführt. Die Daten wurden während 32 Betriebstagen im März 2014 gesammelt. Der Betriebspunkt des Reaktors wurde in der ersten Hälfte des Laufs auf etwa 1260 °C und in der zweiten Hälfte auf etwa 1400 °C eingestellt. Die gemessene Energiebilanz zwischen Eingangs- und Ausgangswärme ergab einen COP-Faktor von etwa 3,2 und 3,6 für die Läufe bei 1260 °C und 1400 °C. Die gesamte während des 32-tägigen Laufs gewonnene Nettoenergie betrug etwa 1,5 MWh. Diese Energiemenge ist weit mehr, als aus allen bekannten chemischen Quellen in dem kleinen Reaktorvolumen gewonnen werden kann. Eine Probe des Brennstoffs wurde vor dem Lauf und nach dem Lauf mit mehreren Standardmethoden sorgfältig auf ihre Isotopenzusammensetzung hin untersucht: XPS, EDS, SIMS, ICP MS und ICP AES. Es wurde festgestellt, dass die Isotopenzusammensetzung in Lithium und Nickel mit der natürlichen Zusammensetzung vor dem Lauf übereinstimmt, während sie sich nach dem Lauf wesentlich verändert hat. Es wird daher angezeigt, dass Kernreaktionen im Laufprozess vorhanden sind, was jedoch schwer mit der Tatsache in Einklang zu bringen ist, dass während des Laufs keine Radioaktivität außerhalb des Reaktors festgestellt wurde." Hier ist das Original-Gutachten in voller Länge zu sehen: **Link 6**

Der COP-Faktor (COP = Coeffizient of Productivity) von 3,2 und 3.6 bedeutet, dass 3,2- bzw. 3,6-mal so viel Energie erzeugt wurde, wie das Gerät selbst verbraucht hat. (Mittlerweile liegt der COP bei Rossi-Geräten um 80, 500 und mehr.) Ich selbst bin übrigens wegen der Veröffentlichung des Lugano-Gutachtens kritisiert und auch telefonisch beschimpft worden. Der russische Physiker Prof. Alexander Parkhomov hat allein nach den Daten des Lugano-Reports eine E-Cat-Replikation gebaut, die zwar nicht erhebliche, aber immerhin Überschussenergie erzeugte. Einige Zeit später fertigte er eine weitere Replikation. Diese Replikation lief über sieben Monate und lieferte ebenfalls Überschussenergie. In den Webseiten/

Zeitschriften „New Energy and Fuel" und „Oilprice" erschienen gleichlautende Artikel „We're at the Tipping Point" **(Link 22)** „Wir sind an einem Wendepunkt". Auszugsweise sagt der Autor Brian Westenhaus: *„Die Wissenschaftler, die sich in Demoralisierung, wegwerfender und charaktervernichtender Art engagiert haben, haben mehr Unheil angerichtet als jede andere Ansammlung von Betrügern sich hätte ausmalen können.*

(…)
Wir sind an einem Wendepunkt. Vor vier Jahren konnte man Rossi kaum glauben. Aber nun ändert sich alles. Nun fällt es sehr schwer, den Kritikern zu glauben". Ubaldo Mastromatteo war früher Chef-Forscher der Firma ST-Microelectronics, einem Hersteller von Halbleitern mit Sitz in Genf. 2014 hatte die Firma 43.600 Beschäftigte und generierte einen Umsatz von 7.4 Mrd. US-$. Mastromatteo analysierte die sog. „Asche" aus dem Lugano-Report des Hot-Cat von A. Rossi. Er verglich also die atomare Zusammensetzung der Reaktorfüllung vor und nach der Wärmeerzeugung. Er schrieb damals (teils sinngem. übersetzt, gekürzt): *„Mit Freude muss ich Rossi zustimmen, dass er das LENR-Phänomen bestätigt hat. Er eröffnet neue Wege mit einer bewundernswerten Ausdauer und ließ sich auch durch andauernde Kritik nicht beeindrucken. Lassen Sie mich sagen, dass*

Rossi nichts speziell Neues gefunden hat. Es darf nicht vergessen werden, dass die ersten Ergebnisse mit Nickel/ Hydrogen von Francesco Piantelli und Sergio Focardi geliefert wurden, welche die Überschussenergie beobachteten, ebenso wie die Transmutationen. Auch ich konnte die Existenz von Überschussenergie nachweisen mit Hydrogen und Palladium, Palladium und Deuterium, Hydrogen und Constantan –, gemeinsam mit Francesco Piantelli und Sergio Focardi. Sie sahen Überschuss-Energie wie auch Transmutationen." In der Folgezeit gab es immer mehr Replikationen. Dann erschien am 9. Nov. im „Journal of Emerging Areas of Science" der folgende Artikel. (**Link 28**) Der beschriebene Versuch entstand wohl aus dem Bedürfnis, die Ergebnisse des sog. Lugano-Tests nachzustellen. Es handelte sich offensichtlich um eine Testserie, die noch nicht problemlos verlief, dennoch wurde in allen Versuchen Überschussenergie erzeugt.

Ergänzend noch ein Ausschnitt aus dem Vortrag von Francesco Celani vor der UN-Welt-Energiekonferenz vom 1. bis 4. Nov. 2016. Es ging um die Situation in Italien: „*Vor einigen Jahren gab es eine gewichtige Opposition gegen jede Art von LENR-Studien, ausgelöst durch die Mainstream-Wissenschaft. Es wurden **wissenschaftliche Dokumente vernichtet und in einem Falle sogar Laboreinrichtungen**. Glücklicherweise haben einige unabhängige Politiker gegengesteu-*

ert, z. B. durch zahlreiche parlamentarische Anfragen." 2017 erschien dann ein Gutachten der Universität Budapest. **Link 30**. Hier zwei Ausschnitte:

Ladungsteilchenunterstützte Kernreaktionen in Festkörperumgebung: Renaissance der Niederenergie-Kernphysik
Peter Kalman und Tamas Keszthelyi
Technische und Wirtschaftsuniversität Budapest, Institut für Physik, Budafoki Út 8. F., H-1521 Budapest, Ungarn

„Die Eigenschaften von elektronenunterstützten Neutronenaustauschprozessen in kristallinen Festkörpern werden untersucht. Es wird festgestellt, dass der Querschnitt dieser Prozesse wider Erwarten selbst im sehr niederenergetischen Fall wegen des extrem großen Inkrements, das durch den Coulomb-Faktor der elektronenunterstützten Prozesse und durch die Wirkung des Kristallgitters verursacht wird, eine beobachtbare Größenordnung erreichen kann. Die Merkmale der elektronenunterstützten Prozesse des Austauschs schwer geladener Teilchen, der elektronenunterstützten Kerneinfangprozesse und der Prozesse, die durch schwer geladene Teilchen unterstützt werden, werden ebenfalls im Überblick dargestellt. Experimentelle Beobachtungen, die mit unseren theoretischen Erkenntnissen in Zusammenhang stehen können, werden behandelt. Eine mögliche Erklärung der Beobachtungen von Fleischmann und Pons wird vorgestellt. Die

*Möglichkeit des Phänomens der nuklearen Transmutation wird qualitativ mit Hilfe von üblichen und durch geladene Teilchen unterstützten Reaktionen erklärt. Die elektronenunterstützten Neutronenaustauschprozesse in reinen Ni, Pd und Li-Ni Verbundsystemen (**im Rossi-Typ E-Cat**) werden analysiert und es wird der Schluss gezogen, dass die elektronenunterstützten Neutronenaustauschreaktionen in reinen Ni und Li-Ni Verbundsystemen für neuere experimentelle Beobachtungen verantwortlich sein könnten."*

*„Zusammenfassend lässt sich sagen, dass die dargelegten theoretischen Ergebnisse und ihre erfolgreiche Anwendung bei der Erklärung einiger ungeklärter experimenteller Fakten uns zu der Aussage inspirieren, dass die Untersuchung geladener Teilchen elektronenunterstützter Kernreaktionen, insbesondere die elektronenunterstützten Neutronenaustauschprozesse, **eine Renaissance auf dem Gebiet der Niederenergie-Kernphysik einleiten könnten.**"*

Ein harter Konflikt um den E-Cat

Nach meiner Einschätzung war Rossi schon immer lieber ein Tuftler als ein typischer Industrieller. So war es wohl auch sein Bestreben, möglichst einen industriellen Partner zu finden, der die Serienproduktion übernimmt und ihn für sein

Know-how bezahlt. 100 Mio. $ schien damals (um 2015 herum) ein angemessener Preis zu sein. Soviel bot ihm jedenfalls ein Investmentunternehmen, das selbst auch in Umwelttechnologien aktiv war. Die Vorgänge um diese Beteiligung nahmen über weit mehr als ein Jahr breitesten Raum in den LENR-Fachforen ein. Deshalb stütze ich mein Wissen auf Dutzende von Webseiten, Meinungsäußerungen in Foren, E-Mails usw. Vor Beginn einer 350-tägigen Testphase gab es einen Kurztest des E-Cat, welcher erfolgreich absolviert wurde. Danach wurde eine erste Rate von 11 Millionen $ an Rossi gezahlt, die restlichen 89 Mill. sollten nach Abschluss des 350-Tage-Tests fällig werden.

Auffällig war, dass erst kurz vor Abschluss des Kooperationsvertrages eine Firma gegründet wurde, deren einziger Geschäftsinhalt der Vertrag mit Rossi und ggf. anderen LENR-Unternehmen war. Dadurch verringerte sich das Haftungskapital des Vertragspartners von Rossi dramatisch, denn Rossi hatte ja immer nur mit dem Chef der Investmentfirma verhandelt, einer um das Vielfache größeren Firma. Während Rossi mit der zu testenden 1-Megawatt-Anlage beschäftigt war, gaben sich dort die Besucher der Anlage „die Klinke in die Hand". Rossi hatte sich verpflichtet zu beweisen, dass die 1-MW-Anlage über den gesamten Zeitraum sechsmal soviel Energie produziert, wie ihr zugeführt wurde. Zu diesem Zweck hatten beide Parteien einen Nuklearwissenschaftler als Gutachter bestellt, der auch von beiden Parteien finanziert wurde. Zum Ende des Tests ließ Rossis Vertragspartner urplötzlich verlauten, alle zu erwartenden Ergebnisse seien verfehlt worden. Rossi hat daraufhin die Lizenzvereinbarung fristlos gekündigt und die handelnden Personen des Vertragspartners wegen Betruges verklagt. Die Vorträge der streitenden Parteien vor Gericht wurden praktisch täglich in den Foren diskutiert, denn die Beweisaufnahme war wohl öffentlich. Wichtigster Punkt: Der COP (Coeffizient of Performance) lag nach Aussage des Gutachters weit über demjenigen, der für die Erfüllung des Vertrages nötig war, nämlich bei einem Durchschnitt von 87,56. Die Beklagten hatten unter anderem behauptet, dass der an der Versuchsanlage installierte Wärmetauscher gar nicht in der Lage war, die Wärme von einem Megawatt abzuleiten. Hier ist der Auszug eines Gutachtens dazu, das im Auftrage des Gerichts erstellt wurde. Übersetzung (verkürzt): *„XX inspizierte die Anlage in XXX mit folgendem Ziel: Messungen vorzunehmen, mit XX über den Warmetauscher zu sprechen, die Lüftungsanlage in Augenschein zu nehmen und festzustellen, ob der Wärmetauscher ausreichte die anfallende Wärme von 1 MW abzuführen. Basierend auf dieser Aufgabe stellte XX folgendes fest:*

- *Der Coefficient of Performance ist als Kriterium für die Funktion der E-Cat-Anlage geeignet*
- *Es gab klare und logische Erklärungen für die Beziehung zwischen dem Energie-Input in die Anlage und dem COP der Anlage.*
- *Unter den beschriebenen Bedingungen an der Anlage war es mehr als möglich, die beschriebene Heizenergie zu gewinnen, ohne dass die Anlage dadurch als Arbeitsumgebung ungeeignet geworden wäre.*
- *Unter den beobachteten und beschriebenen Bedingungen in der XX-Anlage war es mehr als möglich, 1 MW Heizenergie zu gewinnen, in Übereinstimmung mit dem Betrag an Energie den XX in seinem Report berichtet hat."*

Es wurde außerdem behauptet, die Messdaten seien manipuliert worden; zum einen seien die Daten des unabhängigen Gutachters falsch und zum anderen seien die Verbrauchsdaten des Energielieferanten manipuliert worden. (Für den Funktionsnachweis der Anlage wurden die gelieferte Energie des Energieversorgers mit der tatsächlich gewonnenen Energie verglichen). Dazu befragte das Gericht einen weiteren unabhängigen Gutachter: Sinngemäße Übersetzung: *Es gibt drei mögliche Erklärungen (für Manipulationen): Das Energieversorgungsunternehmen könnte sich vertan haben. Nummer zwei: Die Messungen von X und Y könnten falsch sein.*

Unter Nummer drei: Die Daten könnten von irgendjemand anders manipuliert worden sein.

Frage: „Haben Sie irgendeinen Beweis dafür, dass die Daten manipuliert wurden?" Antwort: „Nein, habe ich nicht"
Frage: „Von irgendjemand anders?" Antwort: „Nicht von dem Energieversorgungsunternehmen oder von X oder Y."

Und als ob das alles noch nicht genug wäre, war man auch im weiterem Umfeld tätig, um Rossis Ruf zu schaden; hier ein Auszug aus einem Gerichtsprotokoll: „Die Beklagten und/oder ihre Agenten, einschließlich aber nicht nur X und Y (und möglicherweise Z), haben die Professoren belästigt und bedroht und versucht sie zu bestechen, damit sie ihre Unterstützung für den Lugano-Report zurückziehen." – Auch wurde behauptet, eine verwendete Pumpe sei technisch gar nicht in der Lage gewesen, die anfallende Wassermenge zu befördern. Es stellte sich allerdings heraus, dass die Sachverständigen der Beklagten die Maximal-Fördermenge mit der Minimal-Fördermenge der Pumpe verwechselt hatten. Es ging so weit, dass der Kläger (die Leonardo Corp.) nicht mehr bereit war, eigene Anwälte zu bezahlen, um sich gegen unsinnige Behauptungen wehren zu müssen. Und so beantragte man bei Gericht, dass die Beklagten diese Anwaltskosten bezahlen müssten.

Diesem Antrag wurde stattgegeben: „ ... *in diesem Beschluss wurde festgelegt, dass die Beklagten die Anwaltskosten des Klägers in Höhe von 325 $ pro Stunde zu tragen hätten.*"

Die Bereitschaft zu einer außergerichtlichen Einigung stieg erheblich, als das Gericht Geschworene bestellte und begann, diese mit dem Gebiet „LENR" vertraut zu machen. Und so kam es zu einer Einigung, die ich hier skizziere: *Die Zusammenarbeit zwischen der Beklagten und Rossi ist beendet. Beide Parteien tragen ihre Kosten selbst. Weitere Ansprüche bestehen nicht. Ein besonderes Augenmerk ist aber auf die Rückgabe vertraulicher Unterlagen und Gerätschaften gelegt, insbesondere der Formel für den E-Cat. –*

Wie gesagt, es handelt sich um einen gerichtlichen Vergleich und der kennt keinen „Schuldigen".

LENR und Carl Page

Carl Page (Bruder von Google-Gründer Larry Page) ist ein Umweltaktivist erster Güte. Mit seinem ganzheitlichen Ansatz und mit seinen finanziellen Möglichkeiten versucht er auf vielen Ebenen den negativen Einfluss der Menschen auf die Umwelt zu thematisieren. Er ließ schon 2015 über sein Antrophocene-Institute ein LENR-Video produzieren. *Der Ausdruck Anthropozän ist ein Vorschlag zur Benennung einer neuen geochronologischen Epoche: nämlich des Zeitalters, in dem der Mensch zu einem der wichtigsten Einflussfaktoren auf die biologischen, geologischen und atmosphärischen Prozesse auf der Erde geworden ist. (Wikipedia)* Es gibt weltweit mehrere Initiativen, die dies thematisieren. So auch Carl Page. Auf die Frage, was die kürzlich interessanteste wissenschaftliche Neuigkeit sei, antwortete er 2016: „Niedrigenergetische Nuklearreaktionen funktionieren und könnten fossile Brennstoffe ersetzen". Sein Institut veröffentlichte die wohl umfassendste Ausarbeitung über die weltweite Verbreitung von LENR (Beteiligte Forschungseinrichtungen, Firmen usw.), die es bisher gegeben hat. Sie umfasst nicht weniger als 75 Seiten und ist hier zu finden: **Link 8** Wenn Sie heute die Seite des Instituts anwählen finden Sie zu LENR wenig bis nichts. Page sitzt bis heute im Aufsichtsrat von Brillouin-Energy, einem LENR-Unternehmen. Brillouin und auch das mit dem Unternehmen zusammenarbeitende Institut Stanford-Research-International (SRI) beobachteten COP's, die im Bereich von Wärmepumpen lagen, also irgendwo zwischen 1 und 5. Das liegt weit unter den COP's von Rossis E-Cat oder der SunCell von Randell Mills. Dabei ist nicht zu vergessen: Jeder COP über 1 ist sensationell, denn im Falle von LENR beruht er auf Nuklear-Reaktionen. Wärmepumpen kann man als Vergleich nicht heranziehen, denn sie produzieren keine Energie sondern entnehmen sie anderen Medien wie Wasser, Luft usw. um sie dann am benötigten Ort wieder abzugeben. Dennoch gibt es sowohl bei Brillouin-Energy als auch bei Clean-Planet in Japan (die einen ähnlichen COP erreichen) Schritte hin zur Kommerzialisierung. Man stelle sich vor was es bedeutet, wenn ein Heizkessel oder Boiler das Doppelte oder Dreifache der eingespeisten Energie erzeugt.

Inzwischen hat Google enorme Anstrengungen zur Erforschung der Kalten Fusion unternommen. **Link 9** Denn man weiß ja, dass LENR funktioniert, eben nur nicht „warum". Sogar die mit dem Energieministerium kooperierende Universität

Berkeley beteiligt sich. Und Google zahlt. Beflügelt wird die Angelegenheit vielleicht auch noch durch die wissenschaftliche Anerkennung der Kalten Fusion durch die amerikanische physikalische Gesellschaft und durch die NASA am Jahresende 2019.

Rossi und die „Trolle"

Interessierte Kreise versuchen seit Jahrzehnten, die LENR-Forschung gezielt zu stören. Zu den Methoden gehören Desinformation, Denunziation, Betrügereien, Drohungen, Bestechungsversuche und vieles mehr. Die Vorgehensweise ist teilweise infam, mal brutal, oft kriminell. Zu den Trollen zähle ich auch Wikipedia. (Zum Thema Wikipedia später mehr.) Wenn bis heute in Wikipedia behauptet wird, Rossis Patent in den USA sei abgelehnt worden (obwohl es bereits 2015 erteilt wurde) dann hat das mit wahrheitsgemäßer Berichterstattung nichts zu tun. Hier ist die Patentnummer, ohne Probleme abrufbar:

United States Patent, no. US 9,115,913 B1
US9115913B1
United States
Download PDF
Find Prior Art
Similar
Inventor
Andrea Rossi
Worldwide applications
2012 US

Application US13/420,109 events
2012-03-14
Application filed by **LEONARDO Corp**
2012-03-14
Priorityto US13/420,109
2015-08-25
Application granted (Anmerkung: Das Patent wurde erteilt.)
2015-08-25
Publication of US9115913B1
2016-04-05
First worldwide family litigation filed
Status
Active
2033-11-13
Adjusted expiration (Anmerkung: Das Patent gilt bis Ende 2033)

Gleiches gilt für die Markenrechte: *E-CAT THE NEW FIRE – US Trademark Registration Number 4808884*

Und hier gibt es einen Artikel der renommierten Fachzeitschrift „Elsevier". Elsevier ist ein alteingesessener Wissenschaftsverlag mit Sitz in den Niederlanden. Der Verlag gehört zu jenen Fachverlagen, die wissenschaftliche Veröffentlichungen nur nach eingehender Prüfung des Inhalts zulassen. Das sieht man bei der obigen Veröffentlichung an der „Artikel Historie": Eingereicht wurde der Aufsatz am 9. Nov. 2016, in veränderter Form hat ihn der Verlag am 30. März 2017 akzeptiert. Der gesamte Artikel ist hier zu finden: **Link 32.** Ich übersetze, teilweise sinngemäß, einige Auszüge aus dem Artikel, die von allgemeinem Interesse sein werden. Der Artikel beginnt: *Chemische Energiequellen (Öl und Gas) werden in den nächsten 30 bis 50 Jahren auslaufen. Zusätzlich zu der Erschöpfung dieser Energien gibt es den sog. Treibhauseffekt, der weitere Restriktionen bei der Nutzung chemischer Energien zur Folge hat. Nukleare Reaktoren nutzen Uran und hoffen, Thorium als Spaltmaterial nutzen zu können, was mehr als 100 bis 200 Jahre ausreichen dürfte. Zusätzlich zu der traurigen Geschichte der Reaktorsicherheit gibt es das Problem, die nuklearen Abfälle sicher über tausende von Jahren aufzubewahren. – Während der letzten 25 bis 30 Jahre wurden sog. „Kalte Fusionsprozesse" in leitfähigen Kristallen entwickelt. – In diesem Papier werden die wesentlichen Eigenschaften eines solchen Prozesses diskutiert … Der italienische Ingenieur Andrea Rossi erhielt 2015 ein Patent für einen Prozess der „Kalten Fusion", (US9,115,913 B1) mit dem Titel „Flüssigkeitsheizer". Eine interessante Neuigkeit in diesem Patent ist die Nutzung von 7Li Reaktion mit dem Hydrogen Element 1H1. Ähnlich einem Hochtemperatur-Reaktor von Rossi gab es den Reaktor von A. Parkhomov. Wäh-*

rend vier Versuchsreihen des Geräts im Jahre 2015, mit Temperaturen von über 1100 Grad und darüber, wurde eine zusätzliche Hitze beobachtet, die das 1,92, 2,74, 1,73-fache der eingesetzten Energie betrug. Entsprechend den Messungen von A. Parkhomov wurden während der Experimente, genau wie bei den Rossi-Experimenten, keine ionisierende Strahlung festgestellt, die höher als die natürliche Hintergrundstrahlung war. Gleichfalls im Jahre 2015 berichtete Song-Shen Jung und andere vom Institut für Atomenergie in China, dass sie mit einer Füllungs-Mixtur aus Nickel und LiAIH4-Puder in einer Edelstahlkammer Überschussenergie erzeugt hätten. Beim ersten Versuch bestand die Überschussenergie für sieben Tage weiter. Beim zweiten Versuch bestand die Überschussenergie 120 Minuten weiter, nachdem die Kammer bereits abgeschaltet war. – Am 18. November 2015 präsentierte die Firma Brillouin-Energy ein LENR-Gerät, mit dem eine Überschussenergie um das Vierfache, bei einer Temperatur von 640 Grad C. erreicht worden war … die Wissenschafts-Community tut sich schwer mit der Adaption der neuen Erkenntnisse. Die bestehenden physikalischen Paradigmen stützen Effekte wie die Kalte Fusion nicht. **Die Situation ist durch die Tatsache verkompliziert, dass ambitionierte und teure Versuche zur thermonuklearen (Anmerkung: „Heißen") Fusion seit mehr als einem halben Jahrhundert betrieben werden und in aller Stille ihr Ende finden. – Die Kalte Fusion ist eine reale Alternati-**

ve zu diesem tragischen Szenario. Wir sind uns sicher, dass die öffentliche Wahrnehmung der Kalten Fusion in den kommenden Jahren geschehen wird.

Neben Wikipedia gibt es jede Menge „Einzeltrolle", die fanatisch gegen Rossi kämpfen und sich offensichtlich nicht einmal schämen, den größten Unsinn zu verbreiten. Ein Beispiel: Rossi hat großen Erfolg mit einem wissenschaftlichen Artikel (**Link 10)**, bis Oktober 2020 wurde er über 50 000-mal aufgerufen. Ein einsamer Rekord auf diesem Gebiet. Das konnten die „Trolle" so nicht geschehen lassen und behaupteten Rossi habe diese Lesungen „gekauft". Als Rossi danach befragt wurde, antwortete er schlagfertig: „Klar habe ich das, bezahlt habe ich mit Woodford-Aktien". Woodford war Mitfinanzier jener Firma, die versucht hatte, das Rossi Know how zu erlangen. Mittlerweile ist Woodford die Führung seines Fonds durch die Finanzaufsicht untersagt worden: **Link 42.** Ein weiterer sehr fleißiger Troll ist ein gewisser „FredZ777". Er produziert einen Post nach dem anderen. Hier zwei Beispiele von vielen: Er bezieht sich hier auf ein Interview der Huffington-Post mit Andrea Rossi und schreibt: *„Ich habe Beschwerden über Rossi und die Leonardo Corporation an die Generalstaatsanwälte von Florida und North Carolina gesandt, wie auch an die Büros für Strahlenschutz* *in beiden Bundesstaaten. Ich habe auch Klagen an das FBI/Internet Crime Complaint Center (IC3) und an das SEC (Sicherheitskommission). Es ist jetzt deren Sache zu agieren".* „Es tut mir leid, dass ich Ihre langanhaltenden Wahnvorstellungen ruiniere, aber der Generalstaatsanwalt von Florida, das FBI und Interpol ermitteln bereits zu dem Betrugssystem von Andrea Rossi. *Rossi bemüht sich weiterhin um Lizenznehmer und Investoren über seine Webseite ecat.com, was ungefähr dasselbe ist, als verkaufe man Lizenzen für die Züchtung von Einhörnern. Beide, Hydro Fusion* (Tochtergesellschaft der Leonardo-Corp. in Schweden) *und Roger Green* (war früher evtl. Lizenznehmer, hat aber m. W. schon lange nichts mehr mit der Leonardo-Corp. zu tun) *verkaufen weiterhin Anteile am E-Cat, was einem Anlagebetrug gleichkommt. Ich hoffe, sie enden alle im Knast, wo sie hingehören. Rossi ist ein Gauner und ihr seid seine Trottel."* Wohlgemerkt: Dies schreibt „FredZ777" ein Jahr nach der Erteilung des Patents an Rossi und zwei Jahre nach Veröffentlichung des Lugano-Gutachtens. Es gibt noch eine andere Art von „Trollen", deren Gefährlichkeit nicht zu unterschätzen ist. Immer wieder erscheinen neue LENR-Firmen in der Öffentlichkeit, die die sensationellen Botschaften der Kalten Fusion verbreiten. Die Webseiten sind professionell aufgemacht. Dass sie in Wirklichkeit „gefaked" sind, erkennt man erst auf den zweiten Blick: Es fehlen

Patentunterlagen und evtl. vorgelegte Gutachten sind „dünn" bzw. nicht wirklich von unabhängigen Dritten erstellt. Fast immer werden Kapitalbeteiligungen angeboten, oft in Krypto-Währungen. Diese Betrugsversuche schaden dem Ruf der Kalten Fusion massiv.

Dr. Randall Mills

Ein ähnliches „Kaliber" wie Dr. Andrea Rossi ist Dr. Randall Mills mit seiner Firma Brilliant-Light-Power (früher „Black-Light-Power"). Im Geschäftsbericht vom Okt. 2020 ist die Art der Energiegewinnung beschrieben. Ich übersetze den komplizierten Text auszugsweise und teilweise sinngemäß:

- *„Wir haben eine emissionsfreie Primärenergiequelle entwickelt, die praktisch für alle Energieanwendungen geeignet ist, und zwar in einer Größenordnung von 250 kW und einer extraordinären Energiedichte von 5MW/Liter. Es wurde eine geeignete Einrichtung für externe Feldversuche gefunden, die in wenigen Wochen beginnen sollen."*
- *Der theoretisch vorhergesagte Durchbruch bei der Energiegewinnung basiert auf der Reaktion von atomarem Wasserstoff mit einem Katalysator, der das dazugehö-*

rige Elektron veranlasst, in ein niedrigerenergetisches Orbital (das ist die „Kreisbahn" des Elektrons um den Atomkern) zu wechseln, wo es sich zu einem „Hydrino" transformiert. Dies ist eine stabilere Form des Hydrogens, welches wir mit Hilfe von Spektroskopie isoliert und charakterisiert haben.
- *Die firmeneigene „SunCell" mit einer Leistung von 300 kW umfasst eine Wasserstoff- und Katalysator-Einspritzdüse und eine elektromagnetische Pumpe, die als Elektrode dient. Sie injiziert geschmolzenes Gallium gegen eine Gegenelektrode. Dadurch erzeugt sie ein Hydrino-Reaktionsplasma welches 200-mal mehr Energie erzeugt, als sonst bei der Verbrennung von Wasserstoff aus Wasser beobachtet wird.*

Im Vergleich zu anderen Stromerzeugern ergibt sich bei Mills „SunCell" folgende Kalkulation: Photovoltaik kostet 30 Cent pro kWh, Wasserkraft 9, Windkraft 18 und aus Kohlekraft gewonnene elektrische Energie 7 Cent pro KWh. Im Vergleich dazu kostet der Strom aus der SunCell 0,1 Cent/kWh. – Weil wir andere Preisgrößenordnungen gewöhnt sind, klingt das zunächst unglaubwürdig. Deshalb empfehle ich einen Blick in die Webseite von BLP, auf die unternehmerische Einordnung der Firma und einen Blick auf den Aufsichtsrat. – Zunächst aber zur Person Mills.

Hier einige Auszüge aus einem Aufsatz des Physikers Thomas S. Kuhn († 1996) Wikipedia: *Thomas Samuel Kuhn war ein US-amerikanischer Physiker, Wissenschaftsphilosoph und Wissenschaftshistoriker. Er gehört zu den bedeutendsten Wissenschaftstheoretikern des 20. Jahrhunderts.* Der Titel des Aufsatzes lautet „Atome schrumpfen statt Kerne spalten". Er schildert den höchst ungewöhnlichen Weg von Mills in die Welt der Wissenschaft.

„Die Getreidefirma der Gebrüder Mills und die Highschool – In seiner Jugend erwarb sich Randy Mills eine erfolgreiche ethische Arbeitsauffassung. Während seiner Highschool-Zeit lebte er auf der 37 Hektar großen Getreidefarm seiner Familie in Pennsylvania und erntete Heu und Mais auf von ihm selbst gepachteten Land. So lernte er, sorgsam mit Rohstoffen umzugehen, hart zu arbeiten und sich nicht von Rückschlägen entmutigen zu lassen. Landleben und Wissenschaft haben einiges gemein, sagt er: Mechanik, Chemie und Biologie gehören auf einer Farm zum Alltag. Der ein Meter sechsundneunzig große energische junge Farmer verdiente mit dem Anbau von Getreide nicht schlecht und hatte zunächst keinerlei Ambitionen, aufs College zu gehen. Laut Erik Baard, der an einem Buch über Mills' Unternehmungen schreibt, ließ er so viele Highschool-Klassen aus, dass er beinahe keinen Abschluss erhalten hätte. Durch die Gewinne aus seiner Farm verfügte Mills über

genügend Mittel, um sich an einem College in Lancaster, Pennsylvania, einzuschreiben, wo er seinen Abschluss machte – als Jahrgangsbester. Danach ging er an eine renommierte medizinische Schule und studierte gleichzeitig Elektroingenieurwesen am Massachusetts Institute of Technology (MIT).

Im Eiltempo durch Harvard und das MIT – Der Besuch der medizinischen Fakultät in Harvard und die damit verbundene Gelegenheit, auf allen möglichen Forschungsfeldern Neues zu erfahren, entfesselten seine Kreativität. John Taplin, ein Angestellter in diesem Büro, empfahl den eifrigen Studenten mehreren Sponsoren. Eines Tages sagte Taplin zu Mills: „Ich muss Sie jemandem vorstellen." Mills erinnert sich, wie Taplin ihn in das Büro von Dr. Carl Walter in der medizinischen Fakultät bugsierte und sagte: „Das hier ist der junge Kerl, der ständig mit seinen Ideen zu mir kommt … Sie sind ein großartiger Erfinder, und ich glaube, Sie beide würden sich glänzend verstehen." „Und so war es auch", sagte Mills, „ich bin sicher, dass ich ohne seinen Einfluss heute nicht hier wäre". Er denkt an den Schock, den er erlitt, als sein Mentor eines Tages mit Kollegen sprach, die Koryphäen auf ihrem Gebiet waren. Walter prophezeite ihnen, dass Randy Mills wahrscheinlich als einer der erfolgreichsten Wissenschaftler dieses Jahrhunderts in die Geschichte eingehen würde.

Nach seinem Abschluss in Harvard ging Mills zurück nach Pennsylvania, wo er an seinen Erfindungen weiterarbeitete. Schließlich testete er seine Hydro-Katalyse Elektrolytzelle in der Küche seiner Wohnung. Dabei arbeitete er aus der Ferne mit einem Wissenschaftlerteam der Firma General Electric zusammen, die eine Methode für die zuverlässige Berechnung der Wärmeentwicklung in einer derartigen Zelle entwickelt hatte. Mills faxte ihnen seine Daten zu, und sie gaben ihm Rückmeldung zu seinen Energieberechnungen. „Sie kamen gut damit zurecht, und so veröffentlichte ich schließlich einen Artikel und gab eine Pressekonferenz in der Eingangshalle des Kreisgerichts (in Lancaster, Pennsylvania) … sie war sehr gut besucht." Zu denjenigen, die sich für die Arbeiten des jungen Mannes interessierten, gehörte auch die ortsansässige Firma Thermacore. Dort zeigte man sich höchst beeindruckt darüber, wie sein wissenschaftlicher Artikel aufgenommen worden war und dass er gerade an einer Erfindung arbeitete, bei der er Wasserstoff und einen besonderen Katalysator verwendete. „Sie kamen vorbei und installierten eine Elektrolysezelle. Zunächst funktionierte sie nicht besonders gut, aber wir arbeiteten weiter daran, und letztendlich gelang es uns, sie optimal zum Laufen zu bringen", berichtet Mills. „Bezogen auf die eingesetzte Energie holten wir die zehnfache Menge heraus. Die Zelle lief 15 Monate lang." Ich erinnere mich an einen Vortrag, den der Thermacore-Mitarbeiter Robert Shaubach in

San Diego hielt. Eine Welle der Begeisterung erfasste den Konferenzraum, als Shaubach sagte, Dr. Randell Mills habe Überschusswärme aus einer Elektrolysezelle gewonnen, deren Wasserstoff aus gewöhnlichem Wasser umgewandelt worden war. Die „New Jersey Business" schrieb 2016: „Vor mehr als 20 Jahren hat der Harvard-Absolvent Dr. Randall Mills eine Methode zur Erzeugung von Energie mit Wasserstoffatomen entwickelt. Seine Firma, ‚Brilliant-Light-Power', hat eine ‚neue Energiequelle' durch die kontinuierliche Erzeugung von über einer Million Watt durch die Umwandlung von Wasser in eine neue Form von Wasserstoff entdeckt. ‚Unser Ziel ist, eine Serie von Geräten zu entwickeln, die Energie im Bereich von 100 bis 200 KW erzeugen, und zwar komplett unabhängig vom öffentlichen Stromnetz'. ‚Es kostete uns 100 Millionen Dollar und zwei Jahrzehnte – aber wir haben etwas entdeckt, was Feuer, Kohle, Gas, Öl, Nuklear-Energie, Solarenergie, Windenergie, Bioenergie und mehr ersetzen kann' sagte Dr. Mills. Mills erklärte, dass es erheblichen ‚Gegenwind' aus der Wissenschaft gegeben habe. Wie auch immer: Die neue Energiequelle wurde kürzlich von fünf führenden Professionals aus Industrie und Wissenschaft validiert. ‚Wenn wir an den Markt gehen, werden wir ein Leasing-Modell anbieten. Das heißt, wir bleiben Eigentümer unserer Geräte, aber wir werden unseren Kunden die gelieferte Energie in Rechnung stellen, allerdings ohne den Verbrauch zu mes-

sen.' (Anm.: Das heißt, die von den Geräten erzeugte Energie steht den Verbrauchern zur Verfügung, unabhängig davon, wieviel sie davon nutzen) Das bedeutet eine Flat-Rate für Energie. ‚Die Verbraucher werden eine drastische Reduzierung ihrer Energiekosten feststellen.' Einer der Gutachter, der Bucknell Professor Dr. Mark Jansson schreibt: „*Die konsistent wiederholbaren Experimente ergeben eine Multiplizierung der Energiezuführung um das 65- bis 150-fache*". BLP ist mittlerweile ein Tochterunternehmen von Connectiv-Solutions, einem Unternehmen, das sich auf die Verteilung von Energie und die Sammlung von Verbrauchsdaten spezialisiert hat und Connectiv Solutions ist wiederum eine Tochtergesellschaft von „Exelon", einem der größten Energieversorger der USA. Neben herkömmlicher Energieerzeugung betreibt es auch Kernkraftwerke. – Wer nach dieser organisatorischen Einordnung von BLP immer noch meint, die Funktion der Technologie sei nicht hinreichend verifiziert, dem sei gesagt, dass ein Konzern die Integration eines Unternehmens nur zulässt, wenn dessen Technologie über jeden Zweifel erhaben ist. Die mit der Integration befassten Manager würden ihren Job riskieren, wenn dies nicht der Fall wäre. Randell Mills betreibt eine sehr offene Informationspolitik. Sehr interessant ist die Zusammensetzung seines Aufsichtsrates. Dort finden wir:

- *Roger S. Ballentine – CEO Green Strategies Inc.*

- *William Beck – Managing Director and Global Head of Engineering and Sustainability Services* **Credit Suisse**

- *H. McIntyre Gardner – Chairman of the Board,* **Spirit Airlines***, Inc.*

- *Dr. Ray Gogel – President, Avanti Enterprises*

- *Jim Hearty – Former Partner of Clough Capital Partners*

- *Phil Johnson – Former SVP – Intellectual Property Policy & Strategy of Johnson & Johnson – Law Department, Former SVP and* **Chief Intellectual Property Counsel** *of Johnson & Johnson*

- *Matt Key – Commercial Director Charge.auto*

- *Bill Maurer – SVP* **ABM Industries**

- *Jeffrey S. McCormick – Chairman and Managing General Partner of Saturn*

- *David Meredith – Chief Operations and Product Officer at Rackspace Hosting, Inc., President of Private Cloud & Managed Hosting at Rackspace Hosting, Inc.*

- Bill Palatucci – Special Counsel Gibbons Law

- **Amb. R. James Woolsey – Former Director of the CIA under President Bill Clinton**

- Colin Bannon – Chief Architect BT Global Services

- Michael Harney – Managing Director, BTIG

- Stan O'Neal – Formerly Chief Executive Officer and Chairman of the Board of **Merrill Lynch** & Co. Inc., Former Board Member of General Motors, Currently on the Board of Arconic

Ich habe einiges hervorgehoben: Wir sehen die Credit Suisse, die Spirit Airlines, wir sehen einen „Chief Intellectual Property Counsel", also einen Anwalt, der sich auf die Verteidigung geistigen Eigentums spezialisiert hat. Sein Arbeitgeber ist der 100 Mrd. $-Konzern Johnson & Johnson. – Der Name James Woolsey spricht für sich: die CIA sitzt mit am Tisch. Weiter sehen wir den Namen Stan O'Neal, immerhin früherer Vorstandsvorsitzender von Merryll Lynch. Merrill Lynch & Co., Inc. ist seit dem 1. Januar 2009 eine vollständige Tochtergesellschaft der Bank of America Corporation und innerhalb des Konzerns für das Geschäft mit vermögenden Privatkunden, Investmentbanking und das Kapitalmarktgeschäft verantwortlich. Hier noch Erläuterungen zu den Abkürzungen: CEO = Chief Executive Officer = Vorstandsvorsitzender, „Chairman" = Vorsitzender, SVP = Senior Vice President, Special Counsel = Spezialberater, Chief Intellectual Property Counsel = Spezialberater für geistiges Eigentum.

Was heißt das nun für BLP: **Sie genießen die Unterstützung aus wichtigen Wirtschaftsbereichen, aus der Politik und dem Bankenbereich.** Übrigens habe ich von BLP in deutschen Medien nie etwas gelesen. Das ist erstaunlich, wenn man bedenkt, was alleine die Zusammensetzung des Aufsichtsrates aussagt. Mills verwendet ein anderes Verfahren zur Gewinnung der Überschussenergie als das Nickel-Hydrogen-Verfahren. Gemeinsam ist beiden, dass die Reaktoren klein (bis etwa Kühlschrankgröße) sind und dass sie durch Nuklearreaktionen freiwerdende Energie nutzen. Beide Geräte arbeiten bei Raumtemperatur und erzeugen keinerlei schädliche Strahlungen oder Abfälle. Im Gegensatz zu Rossi hat Mills seine Eigenständigkeit möglicherweise aufgegeben. Er scheint bereit, sich in die Industrielandschaft zu integrieren. (Wie will man privat auch 100 Millionen $ aufbringen um eine zwanzigjährige Forschung zu finanzieren.) Rossi dagegen will nach meiner Einschätzung eigenständig bleiben und die letzte Entscheidung darüber treffen, an wen er Vertriebs- oder Fertigungslizenzen vergibt. Auch will er sich wohl die Möglichkeit offenhalten, seine Geräte selbst zu produzieren und zu vertreiben. Er scheint solide finanziert zu sein, sonst hätte er z. B. niemals den teuren Prozess gegen die Investment-Firma führen können. Beide, Rossi wie auch Mills, genießen bei ihren wirtschaftlichen Partnern offensichtlich großes Vertrauen.

Ich habe hier nur zwei Beispiele wichtiger Entwicklungen aus dem Bereich der Kalten Kernreaktion genannt. Beide stehen kurz vor der Markteinführung und beide sind im Prozess von der Entwicklung zur Serienfertigung. Beide Technologien haben die Phase der Prototypen hinter sich, beide haben Langzeittests bestanden. Es geht also jetzt darum, Unternehmen zu finden, die das Wagnis der Vermarktung und Serienfertigung auf sich nehmen. Um dieses Ziel zu erreichen, müssen diese Firmen von der Technologie überzeugt werden, sie müssen sie selbst testen können und sie müssen sich überlegen, wie sie in die eigene technische Umgebung integriert werden kann. Das unternehmerische Risiko ist groß, weil hohe Investitionen zu tätigen, Marketing- und Vertriebskonzepte zu entwickeln sind. Genau in dieser Phase befinden sich nach meiner Einschätzung sowohl Mills als auch Rossi. Ein schwieriges Unterfangen für die kooperationsbereiten Unternehmen ist, die eigenen Aufsichtsgremien von der neuen Technik zu überzeugen. Einer Technik, von der diese mit gewisser Wahrscheinlichkeit noch nie etwas gehört haben. Einer Technik, an welcher Generationen von Unternehmern, Wissenschaftlern und Politikern sich abgearbeitet haben, um sie in ein schlechtes Licht zu rücken, weil diese neue Technik den eigenen Interessen entgegenlaufen würde. So richtig problematisch wird es für die Firmen, wenn in den eigenen Aufsichtsgremien Vertreter der Karbon-Industrie sitzen. -Fleischmann und Pons, Rossi und auch Mills haben aus Sicht vieler Wissenschaftler den „Makel", dass sie ihre Ziele nicht im Wege der Grundlagenforschung erreicht haben. Diese Ansicht ist wirklich zu missbilligen. Erfindungen sind seit Jahrhunderten Ergebnis des Systems „Versuch und Irrtum". Die systematische Grundlagenforschung ist ein Kind der Neuzeit und hat lange nicht so viel Einfluss wie oftmals behauptet. (Sh. **Link 26**, Wall Street Journal, „The Myth of Basic Science) -Die Reaktoren von Mills und Rossi haben höchstwahrscheinlich eines gemeinsam: man wird sie zunächst nicht kaufen, sondern nur mieten/leasen können. Man bezahlt nicht das Gerät, sondern die Energie, welche das Gerät geliefert hat. Das hat zwei Gründe: Zunächst soll der Verbraucher vor dem Risiko geschützt werden, ein Gerät zu kaufen, das hinterher nicht wie gewünscht funktioniert. Zum zweiten wird die gelieferte Energie wahrscheinlich zunächst künstlich verteuert, d. h. sie wird eventuell „nur" zur Hälfte billiger als die Energie konventioneller Versorger. Diese künstliche Verteuerung ist nötig, um die rund zwanzigjährige Forschungs- und Entwicklungsarbeit nachträglich zu finanzieren. Die Geldgeber erwarten eine Rückzahlung der Darlehen und, wenn möglich, eine angemessene Verzinsung. Diese „Hochpreispolitik" wird sich natürlich nur solange durchhalten lassen, wie keine Konkurrenz auf dem Markt ist. Wie weit Rossi, Mills (und andere) sich in Zukunft gegenseitig Konkurrenz machen, muss sich zeigen. Andererseits wird der Markt alle LENR-Geräte, egal von welchem Hersteller, begierig „aufsaugen". Sowohl für Rossis als auch für Mills künftige Kunden wird wohl eines gelten: ohne ein „Back-Up" wird es zunächst nicht gehen. Die Kunden benötigen nach wie vor einen Anschluss an das öffentliche Netz und sie benötigen nach wie vor eine funktionsfähige, konventionelle Heizung. Erst nach einigen Jahren wird es so sein können, dass die LENR-Reaktoren ein Haus oder eine Firma wirklich komplett autark machen. Aber lassen wir uns überraschen. – Ganz aktuell (Ende März 2021) hat BLP ein „Feuerwerk" öffentlicher Demonstrationen der SunCell veranstaltet. **(Link 44)** In „sechs von sechs" Life-Demonstrationen produzierte die SunCell kontinuierlich 150 kW Heißdampf. Dies ist eine ideale Größenordnung um Heizenergie für Wohnblocks, Betriebe und dergl. bereitzustellen. Es waren rund 200 Vertreter von Presse, Politik Wirtschaft usw. anwesend. Ich glaube nicht (mehr), dass bei Rossi und Mills Investoren eingestiegen sind, die die Technologien in Wirklichkeit verhindern wollen. Dazu hat es in der Vergangenheit zu viele Demonstrationen gegeben, die die Dezentralität der Technologie zeigten. Aber dazu habe ich ja auch dieses Buch geschrieben: Die Öffentlichkeit muss wachsam bleiben, damit nicht plötzlich irgendwo hunderte von SunCells oder E-Cats zu Großkraftwerken gebündelt werden. – Ich habe mir überlegt, weil ich auch entsprechende Kontakte hatte, warum große Technologieunternehmen bei Rossi oder Mills nicht viel entschiedener „zugreifen". Die mir selbst gegebene Antwort ist so logisch wie verblüffend: Man würde mittel- und langfristig den eigenen Kraftwerkssparten schaden. Diese liefern ja z. B. die Generatoren für die heute üblichen Großkraftwerke. Eine Serienfertigung von „E-Cats" oder „SunCells" wäre niemals ähnlich profitabel, denn Serienfertigung von Kleingeräten bedeutet immer auch Kostendruck. Das kennen diese Firmen seit jeher von der Produktion der sog. „weißen Ware". (z.B. Waschmaschinen und Kühlschränken). Derartige Produktionen hat man liebend gerne in Länder Osteuropas verlagert.

An dieser Stelle will ich auch gerne erklären, warum ich die KF für die billigste und **sauberste** Energie halte: Über „billig" braucht man sich gar nicht weiter zu unterhalten, denn die KF ist um viele Größenordnungen billiger als jede andere Energieform. Wenn ich sie die „sauberste Energie" nenne, meine ich damit ihre Umweltfreundlichkeit: sie hat praktisch keinen Landschaftsverbrauch, sie häckselt keine Vögel und Insekten wie die Windenergie und „verspargelt" auch nicht die Landschaft, weder mit Windenergieanlagen noch mit Überlandleitungen. Ich habe kürzlich eine nette Überschrift gesehen: „Vermaist, verspargelt und versolarzellt!" Sie deutet in humorvoller Weise ein Problem erneuerbarer Energie an: Hektar um Hektar erstrecken sich Monokulturen von Mais, der weite Horizont ist verstellt mit Windkraftanlagen, welche den Horizont optisch „zerfleddern" und Kilometer um Kilometer an Zufahrtsstraßen und -wegen benötigen. Die Entsorgung alter Windkraftanlagen ist dabei teuer und kompliziert. Neben Hausdächern werden nicht selten

Hektar um Hektar gesunden Grünlands mit Solarzellen abgedeckt, wo sonst Tiere und Pflanzen leben könnten. LENR-Anlagen sind nicht größer als normale Heizungen, eher kleiner. Als „Brennstoff" genügt ein- oder zweimal im Jahr eine kleine Kapsel mit ungefährlichen Elementen wie Nickel. (Abfall entsteht nicht, denn es wird ja nur die sog. „Bindungsenergie" verbraucht.) Dennoch zeichnet sich die Ablösung erneuerbarer Energien durch die Kalte Fusion zunächst nicht ab, dies kann jedoch in letzter Konsequenz und langfristig geschehen. Aber hier reden wir von Jahrzehnten. Was vorrangig durch die Kalte Fusion abgelöst werden muss sind: Atomkraftwerke, Kohle, Erdöl und Erdgas. Um diesen Wandel zu beschleunigen, müssen auch die erneuerbaren Energien weiterhin ausgebaut werden, denn die KF steht am Markt ja noch nicht zur Verfügung.

Ein Aspekt am Rande: Es ist wahrscheinlich, dass bei der KF die direkte Produktion von Elektrizität im Vordergrund stehen könnte. Das würde bedeuten, dass, wenn diese billig ist oder sogar als Flatrate zur Verfügung steht, es keinen Sinn mehr macht, eine Heizung mit einem Wasserkreislauf zu betreiben. Es käme zu enormen Einsparungen beim Hausbau: Eine Fußbodenheizung bräuchte nicht mehr als wasserbefüllter Schlauch in Estrich eingebettet zu werden, sondern als elektrisch betriebenes dünnes Metallnetz, das direkt unter dem Bodenbelag verlegt werden kann. (Oder eben an der Wand oder der Decke). Diese Art von Heizung würde auch viel schneller reagieren als eine Fußbodenheizung heutiger Art. –Übrigens: Heizen funktioniert mit LENR auch schon heute. Professor Mizuno aus Japan betreibt in seinem Wohnzimmer einen LENR-Reaktor, etwa in der Größe eines Heizlüfters. Der stabförmige Reaktor glüht im Betrieb und hinter dem Reaktor hat Mizuno eine leicht gebogene, glänzende Metallplatte installiert, die die Wärme in den Raum strahlen lässt (ähnlich wie bei einem Infrarot-Heizer). Die Anlage verbraucht wenige hundert Watt elektrischer Energie, die Heizleistung schätzt er auf 3 kWh.

Norront-Fusion-Energy

Die Firma Norront-Fusion-Energy soll nicht fehlen. Die Firma schreibt auf ihrer Webseite:

„NFE ist ein hochtechnologisches Unternehmen, das hocheffiziente Laser und fortschrittliche Reaktoren zur Umwandlung von Wasserstoff in Myonen einsetzt, die 1000-mal effizienter sind als die heutigen Protonenzyklotrone zur direkten Umwandlung in Elektrizität oder für Myon-katalysierte Fusionsreaktoren. Unsere Technologie wandelt Wasserstoff in Myonen für Fusionsreaktoren um. Myonen können in einem breiten Spektrum von Anwendungen eingesetzt werden: zerstörungsfreie Analyse, Untersuchung der Eigenschaften neuer Verbundwerkstoffe oder Myon-katalysierter Fusionsreaktoren. Die Myonen-katalysierte Fusion (μCF) ist ein Prozess, der es ermöglicht, die Kernfusion bei Temperaturen durchzuführen, die deutlich unter den für die thermonukleare Fusion erforderlichen Temperaturen liegen, selbst bei Raumtemperatur oder darunter. Es ist eine der wenigen bekannten Arten, Kernfusionsreaktionen zu katalysieren. Die Myonen-katalysierte Fusion ist derzeit der einzige praktikable Fusionsprozess, da sie von reinem Deuterium ausgehen kann."

Zum Verfahren zitiere ich auszugsweise Wikipedia:

„Myonen-katalysierte Fusion – Überlegungen dazu stellten Ende der 1940erJahre Frederick Charles Frank und Andrej Sacharow an, die aufgrund theoretischer Ansätze postulierten, dass Myonen die Einleitung von Fusions-Kernreaktionen in der Art eines Katalysators erleichtern könnten. **Sacharow prägte 1948 dafür auch den Begriff „Kalte Fusion".** *Luis W. Alvarez, der 1968 mit dem Nobelpreis für Physik ausgezeichnet wurde, entdeckte 1956 auf Blasenkammer-Aufnahmen ungewöhnliche Spuren. Zusammen mit Edward Teller kam er zu dem Schluss, dass Myonen Kernfusionen ausgelöst hätten. Wenedikt Petrowitsch Dschelepow fand Mitte der 1960er-Jahre am Kernforschungsinstitut in Dubna heraus, dass die Anzahl der durch Myonen katalysierten Fusionen in Deuterium mit steigender Temperatur zunimmt. Eine Erklärung lieferte bald darauf 1967 der damalige Student E. A. Wesman (der mit Semjon Solomonowitsch Gerschtein zusammenarbeitete) durch Resonanzen mit komplizierteren Molekülkonfigurationen (wie drei Deuteronen mit sowohl myonischer als auch elektronischer Bindung). 1975 fand Leonid Iwanowitsch Ponomarjow, der führend in der Sowjetunion an der immer genaueren Berechnung der Energieniveaus solcher mesonischer Moleküle war, einen besonders starken Resonanzeffekt in Deuterium-Tritium-Molekülen. Der Effekt konnte in Dubna 1979 durch Dschelepow*

bestätigt werden, was zur Wiederbelebung des Interesses an Myon-katalysierter Fusion auch im Westen beitrug (insbesondere Steven Jones in Los Alamos).

Dass diese schon fast vergessene Art der Kernfusion wieder aufgegriffen wurde, liegt an den erheblich verbesserten technischen Systemen, neuartigen Materialien und insbesondere der weiterentwickelten Lasertechnologie. Norronts Technik „steht" und produziert Überschussenergie, ist nach meiner Einschätzung aber noch weiter vom Markt entfernt als der E-Cat und die SunCell. Im Moment versucht man einen Börsengang, um Geldmittel für den Weg in den Markt zu erschließen. Norront beschreibt das eigene Unternehmen so: *Norrønt Fusion Energy AS ist heute ein Zusammenschluss zwischen zwei Hochtechnologieunternehmen: Norrønt Fusion Energy AS, gegründet im Mai 2016 und Ultra Fusion Nuclear Power AB, gegründet im Sept. 2016. Wir sind heute ein nordisches Technologie-Startup-Unternehmen in internationalem Besitz, das sich zum Ziel gesetzt hat, eine Technologie anzubieten, die auf wesentlichen wissenschaftlichen Fortschritten und hochtechnologischen technischen Innovationen auf dem Gebiet der Fusionsreaktoren auf der Grundlage der Myon-katalysierten Fusion und lasergetriebener Myon-Quellen beruht. Wir sind derzeit dabei, die Myon-Produktion sowohl aus Wasserstoff als auch aus Deuterium zu kommerzialisieren. Unsere Forschung begann 1980, hat sich aber durch die engagierte Arbeit von Forscherkollegen auf diesem Gebiet stark beschleunigt. Wir haben das Energievolumen der Myon-Erzeugung gesenkt, indem wir hocheffiziente Laser anstelle von Protonenzyklotronen einsetzen, womit wir ein Myon-katalysiertes Fusionsreaktorsystem bauen können, das wirtschaftlich tragbar ist, um Elektrizität für den Transportsektor und Wärmeerzeugung für industrielle Prozesse zu nutzen. Wir haben noch nicht alle Antworten, aber wir sind auf dem Weg dorthin. Unsere Technologie ist eine skalierbare Technologie für erneuerbare Energien, die das Stromnetz mit Grundleistung versorgen kann. Unser Brennstoff ist das am häufigsten vorkommende Element im Universum (Wasserstoff), und wir können mit fossilen Brennstoffen betriebene Kraftwerke ersetzen, und die Technologie kann bis hin zu mobilen Mikroleistungsreaktoren skaliert werden. Heute betreiben wir derzeit drei Wasserstoff-Myonen-Reaktoren für Forschung und Entwicklung, um Prozesse, Materialien und Ladungsteilchen zur Elektronenumwandlung zu verbessern. Der ursprüngliche Gründer der Technologie ist Prof. Leif Holmlid von der Universität Göteborg und die Hauptaktionäre des Unternehmens sind: Leif Holmlid, GU Ventures AB, Norrønt AS, 4S&D AS und Muon AS.*

Deutungshoheit

Die stärkste Deutungshoheit steht dem Nutzer zu. Er entscheidet letztendlich, ob eine Sache nach seiner Ansicht gut funktioniert. Erfindungen bahnen sich oft über lange Zeit ihren Weg in die öffentliche Nutzung und haben dabei zahlreiche Hürden zu überwinden: Geboren werden sie gelegentlich in einer Garage und enden für ihren Besitzer manchmal mit einem Riesenhaufen Geld. Andere Erfindungen sind genial und verschwinden in irgendwelchen Aktenschränken oder Kellern. Von Nikola Tesla wurde behauptet, sein Elektroauto sei mit „Raumenergie", also einer nie versiegenden Energiequelle gefahren. – Der Mathematiker und Physiker Sergey Sall berichtet, es habe in Russland Autos gegeben, die mit Wasser statt Benzin fahren konnten (Natürlich nicht mit Wasser, sondern mit dem aus Wasser extrahierten Wasserstoff). Will man Sall Glauben schenken, gibt es praktisch keinen Lebensbereich, in welchem nicht gefälscht wurde und wird – er geht sogar so weit zu sagen, dass dies auch mit der Geschichte geschehen sei. Die Zeit der Päpste sei künstlich gestreckt worden andere Zeiten dagegen „gestaucht", wenn sie irgendwelchen Interessen zuwiderliefen. Zu jeder

Zeit gab und gibt es Menschen und Mächte, die davon überzeugt sind und waren, in und für sich selbst das „Nonplusultra" gefunden zu haben oder darzustellen. Beispiele sind nicht vonnöten, es gab und gibt sie in Hülle und Fülle. Es braucht offensichtlich eine Meinungsführerschaft, eine Fiktion von Stabilität und Wahrheit, die die Welt an sich nicht bietet. – Ich habe als Jugendlicher bei einer Physik-Vorführung gesehen, wie eine Person mit einem Glaskolben einen Nagel in einen Holzbalken schlug. Der Glaskolben hielt stand. Ließ die Person jedoch einen kleinen Stein in den Glaskolben hineinfallen, zersprang er. Die Mikrostrukturen des Glases geben sich durch ihr Zusammenwirken, wie Steine bei einem Rundbogen, eine große Stabilität. Aus der Gegenrichtung sind sie allerdings vollkommen instabil. – Die Mikrostrukturen sind es, die dem Ganzen Stabilität geben. Wenn man keine Stabilität hat, dann baut man sich eine, indem man ein Gebäude, gedanklich oder wirklich, errichtet. Man darf allerdings keine „Steinchen" in das Innere werfen, dann fallen die Strukturen in sich zusammen. Das gilt in erster Linie für alle Religionen. Im besten Willen, den Menschen Sicherheit zu vermitteln, werden gedankliche und auch tatsächliche Gebäude und Paläste errichtet, die diese Gedanken quasi materialisieren sollen. Nach der Substanz zu fragen ist unschicklich und, nicht nur manchmal, gefährlich. – In den Religionen haben Fiktionen ihren Sinn, denn vielen Menschen wird buchstäblich der „Boden unter den Füßen" weggerissen, wenn auch diese letzte Bastion des „Glaubens" genommen wird. (Eine Anmerkung dazu: Ich sehe es mehr als kritisch, wenn sich Religionen dem Zeitgeist annähern, sich politisch betätigen, den Charakter von NGO's annehmen usw. – Die Entmystifizierung des Glaubens entzieht der Religion ihre Substanz – auch wenn manche schwer einsehen mögen, dass die Substanz der Religion Mystik ist.) Religion und Physik ähneln sich, weil beide „Welterklärer" sind bzw. sein möchten. Beide sind zu Recht hoch angesehen, denn es gibt kein höheres Ziel als zu erforschen, was „die Welt im Innersten zusammenhält". Sie meinen, das wäre vielleicht ein bisschen weit hergeholt? Nein, keineswegs. Auch viele Physiker, unter ihnen die berühmtesten, haben sich bei ihrem Unfehlbarkeitsanspruch gerne Anleihen aus der Religion und ihrem „Glauben" geholt. Von Gläubigen umgeben zu sein, ist allemal einfacher als etwas beweisen zu müssen. Dazu bedienten sie sich des Begriffes der „Schönheit" –, was vom Allmächtigen geschaffen wurde, musste „schön" sein. Und in der wissenschaftlichen Neuzeit wurde der Begriff der Schönheit durch „Symmetrie" ergänzt bzw. ersetzt. (Sh. auch das Buch von Sabine

Hossenfelder – Das hässliche Universum: Warum unsere Suche nach Schönheit die Physik in die Sackgasse führt – S. Fischer Verlag)

Hier eine Reihe von Zitaten:

Isaak Newton: „*Dieses wunderschöne System der Sonne, Planeten und Kometen konnte nur von Rat und Herrschaft eines intelligenten Wesens abstammen.*"

Henri Poincaré: „*Der Wissenschaftler studiert die Natur nicht, weil es nützlich ist, das zu tun. Er studiert sie, weil er Gefallen an ihr findet, und er findet Gefallen daran, weil sie schön ist.*"

Paul Dirac: „*Der Forscher, in seinem Bemühen die Grundgesetze der Natur in mathematischer Form auszudrücken, sollte hauptsächlich nach mathematischer Schönheit streben.*"

Antony Zee: „*Meine Kollegen und ich, wir sind die intellektuellen Nachkommen von Albert Einstein. Wir denken gerne, dass wir auch nach Schönheit suchen.*"

Einstein schrieb über sein Verhältnis zur Religion: „*Es war natürlich eine Lüge, was Sie über meine religiösen Überzeugungen gelesen haben, eine Lüge, die systematisch wiederholt wird. Ich glaube nicht an einen persönlichen Gott und ich habe dies niemals geleugnet, sondern habe es deutlich ausgesprochen. Falls es in mir etwas gibt, das man religiös nennen könnte, so ist es eine unbegrenzte Bewunderung der Struktur der Welt, soweit sie unsere Wissenschaft enthüllen kann".*

In der jüngeren Geschichte gab es aus der Physik mehrfach Äußerungen, dass man jetzt im Grunde die Forschung einstellen könne, denn es sei alles erfunden. Diese Feststellung wurde von manchen Wissenschaftlern in wichtigen Funktionen derart vehement vertreten, dass auch der leiseste Widerspruch für den Widersprechenden ernste Konsequenzen hatte. Grund war oft, dass der Senior nach seiner Ansicht den Stand der Wissenschaft selbst verkörperte, d. h. auch von diesem Stand aus auch nicht weiter geforscht hat. Es gibt nicht wenige passende Zitate zu diesem Verhalten, z. B. Einstein: *„Die reinste Form des Wahnsinns ist es, alles beim Alten zu lassen und gleichzeitig zu hoffen, dass sich etwas ändert".* Oder Joliet-Curie: *„The farther the experiment is from theory, the closer it is to the Nobel Prize."* (Je weiter ein Experiment von der Theorie entfernt ist, desto dichter ist es am Nobelpreis.) – Oder Max Planck: *„Eine neue wissenschaftliche Wahrheit pflegt sich nicht in der Weise durchzusetzen, dass ihre Gegner überzeugt werden und sich als belehrt erklären, sondern vielmehr da-*

durch, dass ihre Gegner allmählich aussterben und dass die heranwachsende Generation von vornherein mit der Wahrheit vertraut gemacht ist". Nochmal Max Planck: *„Wer es einmal so weit gebracht hat, dass er nicht mehr irrt, der hat auch zu arbeiten aufgehört"*.

Wenn man diese Zitate hört, könnte man meinen, derartiges Verhalten sei so absurd, dass es in Wirklichkeit nicht vorkomme – oder jedenfalls ganz selten. Das stimmt aber nicht: Es ist auch systematisch erforscht worden, wie sich das Veröffentlichungsverhalten bei Wissenschaftlern änderte, wenn sog. „Platzhirsche" verstorben waren. Und siehe da, die Anzahl der wissenschaftlichen Veröffentlichungen auf diesen Gebieten stieg deutlich. Die Untersuchung war auch deshalb aussagekräftig, weil die Datenbasis ausreichend groß war. Eine unschöne Variante der Verhinderung neuer, konkurrierender Veröffentlichungen ist die „Reputationsfalle". Über diese „Reputation-Trap" hat der Philosophie-Professor Huw Price (Cambridge) geschrieben, und zwar mit besonderem Bezug auf die „Abstrafung" von Wissenschaftlern, die sich mit LENR beschäftigen wollten.

Der erste Schritt zur Anerkennung als Erfindung ist neben einer sauberen Dokumentation der Versuche die Replikation. Das war nach anfänglichen

Misserfolgen bei der Katalyse-Methode (Palladium/schweres Wasser) von Fleischmann und Pons der Fall und auch bei den vielen Versuchen nach der Nickel-Hydrogen-Methode. Trotzdem blieb die vollständige, einvernehmliche wissenschaftliche Anerkennung aus, es wurde nämlich behauptet, die Ergebnisse seien mit Messfehlern behaftet gewesen. Diese über drei Jahrzehnte anhaltende Argumentation ist angesichts der Vielzahl der erfolgreichen Versuche abenteuerlich, weil der Nachweis der Überschussenergie mit wissenschaftlichen Methoden erfolgte. Ebenso konnte durch die Analyse der „Asche" (also dem Vergleich der Reaktorfüllung vor und nach der Kernreaktion) die Kernreaktion vielfach bewiesen werden. Wurde diese Asche analysiert, konnte man zweifelsfrei feststellen, dass die atomaren Strukturen der eingefüllten Elemente sich verändert hatten. Die atomare Komposition war nicht mehr dieselbe. Bei der Vielzahl dieser unwiderlegbaren Beweise darf man getrost davon ausgehen, dass es den Kritikern nicht um „Messfehler" ging, sondern um die Verteidigung ihrer Deutungshoheit. – Ein anderer Weg der Beweisführung sind erteilte Patente. Sie gibt es bei LENR in großer Zahl. Nun wird von Zweiflern behauptet, ein Patent an sich besage noch gar nichts. Patentanmeldungen werden aber mit großer Gründlichkeit geprüft, teilweise dauern die Verfahren mehr als 10 Jahre.

Auszug aus Wikipedia: *„Damit eine Erfindung patentiert wird bzw. ein einmal erteiltes Patent rechtsbeständig ist, müssen eine Reihe von materiellen Voraussetzungen vorliegen: Überall auf der Welt wird gefordert, dass die zu patentierende Erfindung auf sog. erfinderischer Tätigkeit beruhen muss, also – unjuristisch ausgedrückt – für einen Fachmann im Metier mehr sein muss als eine einfache Kombination oder Abwandlung dessen, was schon irgendwann früher irgendwie irgendwo auf der Welt bekannt geworden ist. Im US-Jargon nennt sich das „non-obviousness".*

*„Die europäischen Systeme fordern auch Neuheit – d. h. einen Unterschied – der zu patentierenden Erfindung gegenüber den im gleichen Territorium früher angemeldeten, aber noch nicht bekannt gewordenen (d. h. veröffentlichten) Patentanmeldungen. In den meisten Patentsystemen wird auch gefordert, dass die zu patentierende Erfindung als Ganzes technischer Natur ist. Die zu patentierende Erfindung **muss gewerblich anwendbar** sein. Pro Patent darf nur eine Erfindung patentiert werden – Einheitlichkeitskriterium. Im Unterschied zu rein wissenschaftlicher Forschung setzt die Patenterteilung voraus, dass eine Erfindung gewerblich anwendbar sein muss. Eine Patenterteilung ist also relativ praxisnah, rein wissenschaftliche Forschungen und Verfahren sind nicht patentierbar. Auch ist für die Patenterteilung nicht erforderlich, dass die Erfindung Ergebnis von Grundlagenforschung ist".*

Ein anderes „Instrument" der Deutungshoheit sind die Veröffentlichungen in etablierten wissenschaftlichen Presseorganen, wie „Nature", „Science", Lancet, Elsevier usw. Die Veröffentlichungen in diesen Medien repräsentieren in aller Regel höchsten wissenschaftlichen Standard. Aber es gibt Ausnahmen von dieser Regel, nämlich dann, wenn mit der Veröffentlichung oder Nichtveröffentlichung Interessen verknüpft sind. Man darf nämlich nicht vergessen, dass die beschriebenen Presseorgane privatwirtschaftlich arbeiten, d. h. sie stehen in Konkurrenz und unter Erfolgsdruck (ganz im Unterschied zu den Patentämtern). „Nature" ist die absolute Nummer 1 unter den wissenschaftlichen Fachzeitschriften. Wikipedia sagt zu den Eigentumsverhältnissen: *„Nature erscheint bei Macmillan Publishers, die von der Verlagsgruppe Georg von Holtzbrinck übernommen wurden. Die Zeitung erscheint in der Nature Publishing Group, die von Holtzbrinck in Springer Nature eingebracht wurde"*.
Allerdings gilt auch bei den wissenschaftlichen Publikationen der Trend „weg von den Hochglanzbroschüren" „hin zum Internet". Zu den erfolgreichsten Publikationen der neuen Art zählt „ResearchGate". Wieder Wikipedia: *„ResearchGate ist ein kommerzielles soziales Netzwerk und eine Datenbank im Internet für Forscher aus allen Bereichen der Wissenschaft, das auch als Dokumentenserver für Publi-*

kationen genutzt wird. *Seit dem Start im Mai 2008 hat der in Berlin und Boston (USA) ansässige kommerzielle Dienst bis Juli 2016 rund 10 Millionen Mitglieder weltweit gewonnen."* Heute, 2020, steht auf der ResearchGate-Webseite folgender Satz: *„Join 17+ million researchers, including 79 Nobel Laureates". (Kommen Sie in den Kreis von **über 17 Millionen Forschern, einschließlich 79 Nobelpreisträgern**)*. Wissenschaftler, die dem Netzwerk beitreten möchten, benötigen eine E-Mail-Adresse einer bekannten Forschungseinrichtung oder müssen eine wissenschaftliche Publikation nachweisen. Mitglieder des Netzwerks haben ein Nutzerprofil, auf dem sie Ergebnisse ihrer Forschung, inklusive Fachartikel, Forschungsdaten, Buchkapitel, negative Ergebnisse, Patente, Forschungsvorhaben, Methoden, Präsentationen und Quelltext für Computerprogramme zeigen können. Mitglieder können anderen Mitgliedern folgen und mit ihnen in Kontakt treten. Umfragen der Magazine Nature und Times Higher Education zufolge ist ResearchGate das aktivste akademische Netzwerk seiner Art. Dr. Andrea Rossi hält mit seiner Veröffentlichung über die E-Cat-Technologie mit über 50 000 Lesungen einen einsamen Rekord in der Rubrik Physik. **Link 10**

Der Erfolg derartiger Dienste heißt nichts anderes, als dass viele Forscher sich nicht mehr nur dem

Urteil der etablierten Fachzeitschriften unterwerfen. „Etabliert" heißt nämlich auch, dass diese Art der Deutungshoheit neben dem Fachwissen der dort tätigen Wissenschaftler auf wirtschaftlicher Macht und Interessen beruht. Eine schwindende Macht, wie sie alle Printmedien gegenüber dem Internet verspüren.

Darüber hinaus zweifeln namhafte Wissenschaftler an der Objektivität derartiger Organe. So schreibt der Spiegel 2017: „Vorwürfe gegen „Science" und „Nature" – „Aufgebauscht, bis es falsch wird". Damit ist gemeint, dass derartige Publikation zugkräftige Artikel benötigen, um für die Leser interessant zu wirken und damit die Auflage zu steigern. – Was die Ablehnung der Kalten Fusion angeht, ist „Nature" sich treu geblieben. Selbst als die Kalte Fusion Ende vergangenen Jahres durch Google Auftrieb erhielt, konnte „Nature" sich nur zu folgender Schlagzeile durchringen (Übersetzung): *„Es kommt aus der Kälte herein". „Die Kalte Fusion mag einen schlechten Ruf haben, aber das Materialsystem, in dem sie angeblich erreicht wurde, hat noch viel zu bieten."* Zur Sache selbst mochte man sich nicht äußern, allenfalls zu den verwendeten Materialien.

Die tiefgreifende Krise der Physik

Ich habe eine ganze Reihe von Gesprächen mit Physikern und Ingenieuren verschiedener Fachrichtungen zum Thema Kalte Fusion geführt. Ich sage es mal so: Die Klugen reagierten im Sinne von Sokrates: „Ich weiß, dass ich nichts weiß" und damit nicht mit der absoluten Sicherheit eines Menschen, der alles zu wissen glaubt. Die weniger Klugen reagierten betroffen, manchmal wütend, manchmal beleidigt. Vorweg: Ich kritisiere immer wieder das Verhalten **einiger** Physiker, weil sie sich nach meinem Empfinden zu wenig mit der Kalten Fusion beschäftigen, sich aber dennoch ein Urteil zutrauen. Das ändert nichts daran, dass ich größte Achtung vor dem Wissen von Physikern habe wie auch vor Studenten, die sich für die Physik als Studienfach entschieden haben. Auch meine Ablehnung der sog. „Heißen Fusion" ändert nichts an der Wertschätzung der dort forschenden Wissenschaftler. (Davon abgesehen: Es wäre ein großer Fortschritt, wenn nach fünfzig Jahren Forschung die Heiße Fusion doch noch irgendwann funktionieren sollte). Also: Ich kritisiere nicht die Physik allgemein, sondern nur diejenigen Physiker, die ein allzu großes Beharrungsvermögen haben.

(Mit einem Augenzwinkern könnte man es auch Massenträgheit nennen). – Was meinen denn solche Leute, wo sie als Physiker stehen? Auf einem sicheren Fundament doch wohl nicht. Ich will das gerne begründen. Einen ausführlichen Bericht zur Krise der Physik gab es 2012 in „Spektrum der Wissenschaft", ich zitiere hier auszugsweise:

„*Die Physik – ein baufälliger Turm von Babel.*

Physiker versprechen immer wieder, ein Theoriegebäude zu errichten, das die gesamte Welt erklärt. Dabei müsste jeder wissen, der die Disziplin zu seinem Beruf gemacht hat, dass sogar in längst errichteten Stockwerken teils gewaltige Risse klaffen.

Hier ein Ausschnitt aus einem Artikel der New York Times von 2015, aktueller denn je.

„*Brauchen Physiker empirische Beweise, um ihre Theorien zu bestätigen? Sie denken vielleicht, dass die Antwort ein klares Ja ist, denn die experimentelle Bestätigung ist das Herz der Wissenschaft. Aber eine wachsende Kontroverse an den Grenzen von Physik und Kosmologie legt nahe, dass die Situation nicht so einfach ist. Vor einigen Monaten veröffentlichten zwei führende Forscher, George Ellis und Joseph Silk, in der Zeitschrift Nature ein umstrittenes Stück mit dem Titel ‚Scientific Method': ‚Ver-*

teidige die Integrität der Physik.' **Sie kritisierten die neu entdeckte Bereitschaft einiger Wissenschaftler, die Notwendigkeit einer experimentellen Bestätigung der heute ehrgeizigsten kosmischen Theorien explizit aufzugeben – solange diese Theorien hinreichend elegant und erklärend sind.** *Der vollständige Text in englischer Sprache ist hier zu finden:* **Link 11.**

Auch Prof. Harald Lesch hat in seiner unnachahmlich lockeren Art die Krise der Physik beschrieben, („Die Physik hat gefeiert und jetzt kommt der große Kater"), und zwar als Youtube-Video: **Link 31.** Ich will diesen Abschnitt nicht ohne ein Zitat des Nobelpreisträgers für Physik 1998, Robert B. Laughlin, beenden: *„Man kann auf der ganzen Welt an keiner Universität moderne Physik studieren, denn alles was dort unterrichtet wird, ist zur einen Hälfte widerlegt und zur anderen Hälfte irrelevant. Die relevante Physik findet hinter verschlossenen Türen in den Labors von Rüstung und der Industrie statt. Die Forscher, die dort arbeiten, verwenden Naturgesetze, die den Universitätsprofessoren nicht bekannt sind."* – Um gleich dem Eindruck zu widersprechen, die universitäre Ausbildung sei minderwertig: Gegenüber der militärischen Forschung, sei es in den USA, Russland oder China, sind die staatlichen Universitäten arm wie die Kirchenmäuse. Sie hinken dieser Art von Forschung gnadenlos hinterher.

Es war das US-Militär, das Andrea Rossi in die USA holte, es war die US-Navy, die mit Mosier-Boss und Forsley die erste umfassende Studie zur Kalten Fusion anfertigte und es ist schließlich die finanzstarke NASA, die die Kalte Fusion konsequent vorantreibt.

Transmutation von Elementen mit LENR

Kurioserweise ist es auch das US-Militär, das seit Jahren LENR **vermarktet**, nämlich als Technologie für die gezielte Transmutation von Elementen. Was heißt das? Wie schon beschrieben (z. B. in dem zitierten Lugano-Gutachten), verändert sich in der Füllung der kleinen LENR-Reaktoren die nukleare Komposition der Atome. Mir ist bekannt, dass Teile des verwendeten Nickels nach der Reaktion zu Kupfer transmutierten. In erster Linie sind die beobachteten Transmutationen der Nachweis dafür, dass in den kleinen Reaktoren nukleare Reaktionen stattfinden, ganz im Gegensatz zu den üblichen chemischen Reaktionen. Dabei tritt gelegentlich in den Hintergrund, dass man mit diesen Transmutationen viel mehr anfangen kann als Wärme zu erzeugen: nämlich die Kreation seltener Elemente, die sonst nur schwer oder teuer zu gewinnen sind. Aber mindestens ebenso wichtig ist die Tatsache, dass man mit LENR-Transmutationen radioaktive Elemente zu nicht radioaktiven Elementen transmutieren kann, indem man ihre atomare Komposition verändert. Nicht zufällig sind die regionalen Schwerpunkte dieser Forschungen in Japan (Fukushima) unter der Leitung von Mitsubishi und in Kiev (Tschernobyl) unter der Leitung von Prof. Vladimir Vysottskii. Und in der Vermarktung ist, wie gesagt, das amerikanische Militär am weitesten: Wer sich einen Artikel des SPARWARE (Space and Naval Warfare System Command) ansieht, schaut in das sympathische Gesicht von Joan Wu-Singel, darüber der Satz: „Let's talk", lass' uns reden. Telefonnummer und E-Mail-Adresse stehen darunter. Die aktuelle Webseite zum Thema ist hier zu sehen: **Link 12**, man wird allerdings nicht mehr von Frau Wu-Singel angelächelt, der Inhalt ist aber gleich. Und dann zeigt der folgende Text, um was es geht (von mir teils sinngemäß übersetzt):

„Generator für Alpha- und Beta- Teilchen, Neutronen, Deuteronen, Röntgenstrahlen, Gamma-Strahlen und Tritium. Die Partikelerzeugung erfolgt häufig mit in schwerem Wasser gelöstem Palladium, wobei Wasserstoff durch Deuterium ersetzt wird, um bei Fusionsreaktionen mehr Energie zu erzeugen. Nach der Zersetzung von schwerem Wasser in Sauerstoff und Deuterium verschmelzen die Deuteriummoleküle unter Energiefreisetzung und stoßen mit den umgebenden Molekülen zusammen. Diese Kollisionen bewirken eine Übertragung von Wärmeenergie auf das gelöste Palladium. Solche Systeme sind oft ineffizient und nicht reproduzierbar. Die Verbesserung der Methoden zur Erzeugung von Teilchen und niederenergetischen Kernreaktionen wird dazu beitra-

gen, ein idealisiertes System zu schaffen. Bei dieser Erfindung handelt es sich um eine reproduzierbare Methode zur Erzeugung von Teilchen durch die Elektrolyse von Palladium in schwerem Wasser. Die Erfindung besteht aus einer elektrochemischen Zelle, die eine Anode, eine Kathode und Magnete in einer Elektrolytlösung von in schwerem Wasser gelöstem Palladium enthält. Um den Partikelerzeugungsprozess einzuleiten, liefert eine Stromquelle dem Zellkörper über die teilweise eingetauchte Kathode und Anode für eine bestimmte Zeit einen konstanten Strom. Der Strom bewirkt die Abscheidung von Palladiumpartikeln auf dem Kathodenelement aufgrund des sich während der Elektrolyse entwickelnden Deuteriumgases. Diese Stromperioden können für eine Vielzahl verschiedener Werte und für verschiedene Periodenlängen wiederholt werden, abhängig von den Bedürfnissen der Materialien. Dieser Prozess kann auf der Grundlage der produktivsten Zyklen für jede spezifische Reaktion angepasst werden. Bei einigen Reaktionen erweisen sich Magnetfelder als nützlich, um die Partikelbildung zu beschleunigen. Die Magnete der Zelle sind einander gegenüberliegend angeordnet und erzeugen durch die Elektrolytlösung zwischen Anode und Kathode ein Magnetfeld. Diese magnetische Wechselwirkung innerhalb der Zelle kann während der ersten Runde der Stromzufuhr oder mit einem neuen Strom nach der Palladiumabscheidung induziert werden. Die vollständige Abscheidung erfolgt, wenn sich die Elektrolytlösung von ihrer ursprünglichen

rot-braunen Farbe in eine klare Farbe ändert, was eine Reaktionszeit von 3 bis 7 Tagen erfordern kann. Die Erfindung kann auch einen Teilchendetektor wie CR-39 umfassen, ein kommerziell erhältliches Material, das chemisch beständig gegen Elektrolyte und elektromagnetisches Rauschen ist. Die Erfindung kann eine Vielzahl von Teilchen wie Alphas, Protonen, weiche Röntgenstrahlen, Neutronen, Tritium, Gammas und Betas erzeugen. **Ein Beispiel für die Anwendung der Erfindung ist die Dekontamination von Radionukliden aus Grundwasser durch Stabilisierung der radioaktiven Partikel."**
Und dann wird auch gleich gesagt, welche Vorteile es für Interessenten gibt:

- *Kontrollierte, reproduzierbare niedrigenergetische Reaktionen*
- *Betrieb bei Bedingungen der Umgebungstemperatur und dem normalen atmosphärischen Druck*

Das können Interessenten erwarten:
- *Das US-Patent 8,419,919 steht für Lizenznahme zur Verfügung*
- *Es gibt die Möglichkeit, mit Navy-Forschern zu kooperieren*

Bei dem oben genannten Patent findet man unter den Erfindern die beiden Forscher, die wir schon aus dem Mosier-Boss-Gutachten kennen, nämlich Pamela Mosier-Boss und Lawrence Forsley. Wie schon gesagt, forscht auch Mitsubishi Heavy Industries an Transmutationen mittels LENR. Man schreibt dazu 2016:

„Die neue Methode nuklearer Transmutation ist eine simple Methode, die von Mitsubishi Heavy Industries genutzt wird. Mit Hilfe einer Nanostruktur Multi-Layer Reaktionsfolie können Elemente zu niedrigen Kosten transmutiert werden. Bis jetzt beobachteten wir die Transmutation von Cäsium (Cs) nach Praseodynium (Pr), von Barium (Ba) zu Samarium (Sm), von Strontium (Sr) nach Molybden (Mo) usw. **Wenn die Technologie etabliert ist, erwarten wir, der Bevölkerung auf dem Felde der Entgiftung radioaktiver Abfälle helfen zu können. Dies schließt in der Zukunft die Transmutation von radioaktivem Cäsium zu einem harmlosen Element ein."**

Ein Überblick über die LENR-Forschung in den USA

Bei diesem Überblick beziehe ich mich auf einen Artikel von Greg Goble, (**Link 34**) den ich hier auszugsweise übersetzt habe:

Überprüfung von fünfundzwanzig Jahren von durch die USA finanzierten „Kalte Fusion"-Projekten, einschließlich Patenten, Verträgen, Veröffentlichungen und Partnerschaftsbemühungen des öffentlichen/privaten Sektors im Hinblick auf LENR-Energieanwendungstechnik und LENR-Energiekommerzialisierung.

Die Regierung der Vereinigten Staaten von Amerika hat viele Patente zur „Kalten Fusion" angemeldet. Diese Patente für die Niedrigenergie-Kernreaktion (LENR) brauchen Zeit, um sich zu entwickeln, oft mehrere Jahre, bevor sie bei einem Patentamt angemeldet werden; jedes für sich ist ein langwieriges Projekt. Die Entwicklung eines Patents begann mit einem Vertrag von NSWC, Indian Head Division, aus dem Jahr 2008, „Deuterium Reactor" US 20130235963 A1, von Pharis Edward Williams. Dieses Patent wurde erst 2012, nach vierjähriger Entwicklungszeit, angemeldet. Außerdem kann es zu einer Verzögerung zwischen dem Tag der Patentanmeldung und dem Tag der Veröffentlichung kommen, wenn das Patent als eine Angelegenheit der nationalen Sicherheit betrachtet wird. Dies kann beim SPAWAR-Patent von 2007, *System and Method for Generating Particles US 8419919B1*, mit dem Anmeldedatum vom 21. September 2007 und dem Veröffentlichungsdatum vom 16. April 2013 der Fall sein, eine Verzögerung von sechs Jahren. Gewöhnlich wird ein Patent innerhalb von ein oder zwei Jahren nach dem Anmeldetag veröffentlicht (ausgesetzt), selten länger; für eine Verzögerung von sechs Jahren scheint es keine andere plausible Erklärung zu geben. Die Patententwicklung der U.S. LENR wurde von der Air Force, der NASA, der Navy und vielen anderen Labors des Verteidigungsministeriums finanziert. Die Regierung kann die Rechte an jedem dieser LENR-Patente behalten und Lizenzvereinbarungen kontrollieren. Patentlizenzen können an diejenigen vergeben werden, die bei der Entwicklung der LENR-Technologie mit Regierungslabors zusammengearbeitet haben, wie z. B. bei der SPAWAR JWK LENR-Technologie und der Global Energy Corporation. Zu den Patenten in diesem Bericht gehören von der US-Regierung finanzierte LENR-Programme und Präsentationen im Bereich der angewandten Energietechnik, zusammen mit einigen wenigen Patenten von verbundenen Unternehmenspartnern. Ein chronologischer Überblick über die von den USA finanzierten Projekte und Patente im Bereich der „Kalten Fusion", zusammen mit einer Liste der beteiligten Personen, Unternehmen,

Universitäten und Behörden kann hilfreich sein, um die Geschichte der von der Regierung der Vereinigten Staaten von Amerika finanzierten LENR-Energietechnologien, die auf den Markt kommen, zu verstehen und die Richtung dieser Technologien zu bestimmen. Boeing, General Electric und viele andere arbeiten bei der Entwicklung von LENR-Flugzeugen mit der NASA und der Federal Aviation Administration zusammen. Sowohl der SpaceWorks-Vertrag mit der NASA, das NASA-LENR-Patent der NASA, das sich auf die Widom/Larson-Theorie beruft, als auch die vielen gemeinsamen LENR-Raumfahrtvorträge von Universität, NASA und Unternehmen deuten darauf hin, dass die NASA bei Raumflugzeugen und auf dem Mars Partnerschaften mit der Privatindustrie eingeht. All diese Bemühungen bereiten den Weg für den nicht-radioaktiven Atomflug (NRNF) mit Niedrigenergie-Kernreaktion (LENR).

Die Partnerschaft von SPAWAR und JWK entwickelte eine andere Form der LENR-Energietechnologie. Die LENR-Technologie von SPAWAR und JWK wandelt Nuklearabfall in gutartige Elemente um und erzeugt dabei hohe Prozesswärme. Der Technologiekonzern SPAWAR JWK LENR ist eine Partnerschaft mit der Global Energy Corporation (GEC) eingegangen. Die angewandte Technik gipfelte in dem/den GEC „GeNie" LENR-Reaktor(en), der/die in einem Block mit einem He-

lium-Gasturbinenstromgenerator mit geschlossenem Kreislauf angeordnet ist/sind. Diese Einheit wird GEC „Small Modular Generator" (SMG) genannt. Jüngste Behauptungen zur Kommerzialisierung lauten: „GEC verhandelt derzeit weltweit über mehrere neue SMG-Bauverträge mit einer Leistung von 250 MWe bis 5 GWe". Diese LENR-Energietechnologie führt zu einer massiven Stromerzeugung und zur weltweiten Säuberung von hoch radioaktivem Atommüll. Das „e" hinter Megawatt und Gigawatt bedeutet „elektrisch" im Gegensatz zu thermischer Energie.

Europa und die Kalte Fusion

Obwohl die Wiege der Kalten Fusion in Italien steht, z. B. in der Universität Bologna, musste sie einen Umweg durch die ganze Welt machen, um nach Europa zurückzukehren. Zuerst hörte ich von den LENR-Bemühungen der Europ. Kommission, bzw. der Generaldirektion für Forschung und Innovation, im Jahre 2012. Dort wurde von Dr. Johan Veiga Benesch ein umfangreicher Bericht über „Emerging Materials" (aufstrebende oder neue Materialien) vorgelegt. Ab Seite 23 der 64-seitigen Ausarbeitung (**Link 13**) geht es um LENR. Hier meine (etwas gekürzte) Übersetzung der ersten Passage über LENR:

- *Niedrige energetische Kernreaktionen in kondensierter Materie*
- *Die Studie zu Fleischmann & Pons*
- *Die Auswirkungen der Materialwissenschaft auf die Entwicklung*
- *Der Fleischmann & Pons Effekt (FPE) ist die Produktion großer Mengen von Wärme, die nicht auf chemische Reaktionen zurückzuführen ist.*
- *Dies geschieht durch elektrochemische Beladung von Palladiumkathoden mit Deuterium. Die gemessenen*

Energiedichten waren zehn-, hundert- und sogar tausendfach größer als in bekannten chemischen Prozessen. Auf der Grundlage des aktuellen Wissens kann es sich nur um nukleare Vorgänge handeln.
- *Der Vorgang spielt sich mit Deuterium in einem Palladium-Gitter ab.*
- *Das faszinierendste Merkmal des Phänomens ist der erhebliche Mangel an erwarteten nuklearen Emissionen, die mit dem Überschuss an Energie verbunden sind.*

Am 4.7.2013 tagte dann der ITRE- Ausschuss des EU-Parlaments für Industrie, Forschung und Energie zum Thema LENR. Das Treffen fand unter der Überschrift „Neue Fortschritte beim Fleischmann-Pons-Effekt: Den Weg für eine potenzielle neue saubere erneuerbare Energiequelle ebnen?" und wurde von der italienischen Nationalen Agentur für neue Technologien, Energie und nachhaltige wirtschaftliche Entwicklung (ENEA) mit organisiert. Ablauf und Teilnehmer entnehme ich einem mittlerweile gelöschten Aufsatz von Ruby Carat.

„Der Ausschuss für Industrie, Forschung und Energie (ITRE) des Europäischen Parlaments unter dem Vorsitz von Amalia Sartori traf gestern in Brüssel mit Wissenschaftlern und Wirtschaftsführern der neuen Energiegemeinschaft zusammen, um den Status des Fleischmann-Pons-Effekts (FPE) zu diskutieren, der anomalen Überschuss-

wärmeerzeugung aus einer Reaktion zwischen Wasserstoff und verschiedenen Übergangsmetallen." „3. Juni 2013, Brüssel. Neue Fortschritte beim Fleischmann-Pons-Effekt: Den Weg für eine potenzielle neue saubere erneuerbare Energiequelle ebnen?" Von ENEA mit organisierte Veranstaltung im Europäischen Parlament. Unter der Schirmherrschaft der Ehrenvorsitzenden Amalia Sartori, Vorsitzende des ITRE-Ausschusses des Europäischen Parlaments, nehmen an der Veranstaltung Kommissar ENEA Giovanni Lelli, der Direktor der Direktion Industrielle Technologien Herbert von Bose, der Direktor des Sidney Kimmel Institute for Nuclear Renaissance (USA) Graham Hubler und der Vizekanzler für Forschung der Universität von Missouri (USA) Robert Duncan teil. Daniele Passerini von 22Passi berichtete zunächst über die als Teilnehmer aufgelisteten Personen: Robert Duncan, Vizekanzler für Forschung, University of Missouri (USA), Michael McKubre, SRI – Stanford Research International (USA), Graham Hubler, Direktor Sidney Kimmel Institute for Nuclear Renaissance (USA), Stefano Concezzi, Vizepräsident der National Instruments (USA), PJ King, CEO ReResearch (Irland)), Konrad Czerski, Universität Szczecin (Stettin, Polen), Technische Universität Berlin (Deutschland), Vittorio Violante, Universitat Roma2, Tor Vergata, Forschungszentrum ENEA Frascati, Andrea Aparo, Roma1 Sapienza-Universität, Politecnico di Milano, Ansaldo Energia, Enrico Paganini, ENEL Green Power, Antonio

La Gatta, Präsident TSEM Technik und Elektronik, Giovanni Lelli, Kommissar ENEA Aldo Pizzuto, Leiter der technischen Einheit Fusion ENEA Maximum Busuoli, Leiter des EU ENEA-Verbindungsbüros Herbert von Bose, Direktor der Unterkommission Industrielle Technologien des Europäischen Parlaments, Amalia Sartori, Vorsitzende der Kommission ITRE-Ausschuss des Europäischen Parlaments. Passerini hat einen Bericht über das Treffen veröffentlicht, der Fotos von Dias verschiedener Präsentationen enthält. Dr. Vittorio Violante, von dem McKubre sagte, er sei einst der einzige Mann auf der Welt gewesen, der Palladium herstellen konnte, das funktionierte, stellte die Materialwissenschaft zum Verständnis des Fleischmann und Pons-Effekts vor. Konrad Czerski legte neue Beweise für die Kalte Kernfusion – Beschleunigerexperimente bei sehr niedrigen Energien vor. Dr. Graham Hubler präsentierte Anomalous Heat Results aus dem Naval Research Lab und der University of Missouri. Dr. Robert Duncan präsentierte den Status der Entdeckung neuer nuklearer Phänomene in der Kondensierten Materie. Sowohl Hubler als auch Duncan werden die 18. Internationale Konferenz über die Kalte Fusion ICCF-18 diesen Juli von ihrem Campus an der University of Missouri ausrichten. Laut Passerini wurde das Treffen in Brüssel abgehalten, „um Entscheidungsträger von der Bedeutung der Forschungsfinanzierung zu überzeugen".

Von ihrer Website aus wird sich der ITRE-Ausschuss mit Legislativvorschlägen zur Forschung befassen; die EU-Forschungspolitik soll für die kommenden Jahre neu definiert werden, um den neuen Herausforderungen gerecht zu werden. Ironischerweise zitiert Passerini die amerikanische Forschung als Anstoß für die europäische Gemeinschaft, was eine gezielte Unterstützung der neuen Energie in den USA impliziert – wäre es nur wahr. Er erwähnt auch die offizielle Position Italiens zur Kalten Fusion, die die föderale Haltung der USA widerspiegelt: Kalte Fusion ist unmöglich, also ignorieren wir sie. Dennoch war Italien das Herzstück der neuen Energieforschung in Europa, angefangen mit dem Labor von Vittorio Violante an der ENEA, das sich auf Palladium-Deuterium-Zellen konzentrierte, und den frühen Arbeiten von Francesco Piantelli und Sergio Focardi über Nickel-Wasserstoff-Reaktionen. Andrea Rossi präsentierte im Januar 2011 an der Universität Bologna seine erste öffentliche Demonstration des E-Cat-Dampfgenerators, der die Aufmerksamkeit der Welt auf die neue Energie lenkte und eine ganze Gemeinschaft von Unterstützern mobilisierte. Heute verbindet ein Open-Source-Projekt Bürgerwissenschaftler auf der ganzen Welt mit dem langjährigen Forscher Francesco Celani vom italienischen Institut für Kernphysik (INFN).

Wie die Arbeit im Ausschuss des Europäischen Parlaments weiterging entzieht sich meiner Kenntnis, aber es müssen wichtige Beschlüsse zu Gunsten der Kalten Fusion gefallen sein, denn am 27.2.2017 antwortete die Kommission auf eine parlamentarische Anfrage bzgl. LENR: **Link 14.** *„Die Kommission ist sich der behaupteten Erfolge auf dem Gebiet der niedrig-energetischen Nuklearreaktion bewusst. Wie vom ehrenhaften Mitglied bemerkt, umfasst dieser Bereich einen weiten Bogen unzusammenhängender Phänomene, die die Annahme zulassen, dass nukleare Ereignisse bei relativ niedrigem Energieeinsatz geschehen. Dies wird allerdings in der wissenschaftlichen Szene debattiert und es gibt keine einheitliche Auffassung darüber, wie die Mechanismen hinter diesen experimentellen Ergebnissen aussehen. Wie auch immer, offensichtlich wurden einige der Ergebnisse kürzlich repliziert, in einigen Fällen von angesehenen Wissenschaftlern und Laboratorien. Derartige Forschung kann im Prinzip durch das Programm Horizon (EU-Programm für Forschung und Innovation 2014–2020) unterstützt werden, ebenso durch den Europäischen Forschungsrat und das Europäische Programm für Zukunftstechnologien. Die* **vorliegende Beweislage und das steigende Investment durch Firmen und Regierungsorganisationen außerhalb Europas erfordert in der Tat eine eingehende Betrachtung und Bewertung der bisherigen Ergebnisse.** *Im Lichte dieser Betrachtungen ist dann zu entscheiden, auf welche Weise diese Forschung zu fördern ist."*

Als ich diese befürwortende Antwort der Kommission seinerzeit gelesen habe, habe ich versucht, das Interesse wichtiger Medien auf diese Entwicklung zu lenken. Bei einer großen deutschen Zeitung bat man mich um weitere Informationen. Dem bin ich gerne gefolgt. Keine Antwort, keine weitere Reaktion. Ein weiteres großes Presseorgan interessierte sich nicht inhaltlich zu dem Thema, sondern wollte lediglich von mir wissen, welcher Parlamentarier die Anfrage gestellt hat. Dann ging es auf erstaunliche Art und Weise weiter: Am 31.1.20 schrieb der Spiegel: *„Die CDU will die behutsame Rückkehr zur Atomkraft prüfen. In einem Positionspapier des Bundesfachausschusses Wirtschaft, Arbeitsplätze und Steuern heißt es: „Wir setzen uns dafür ein, dass sich Deutschland stärker in das von Euratom durchgeführte Programm ‚Horizont' zur Zukunft der Kernenergie einbringt". Die im Rahmen dieses Programms durchgeführten „Projekte zur Kernfusion und zu kleinen modularen Reaktoren" sollten „ergebnisoffen" geprüft werden, „als mögliche Variante für eine CO2-freie Energieproduktion".* In der CDU gibt es seit Jahren Stimmen, die den Atomausstieg für einen Fehler halten. Das Papier deutet darauf hin, dass zumindest die CDU-Wirtschaftspolitiker die Partei wieder stärker für diese Energie öffnen wollen, auch als Mittel zum Klimaschutz. Die Rede ist im Artikel von kleinen modularen Reaktoren, der Bericht öffnet jedoch mit einem Bild, das riesige Kühltürme zeigt. Warum auch immer. Als ich darüber berichtete schrieb mich einer meiner Leser an, es könne sich unmöglich um LENR handeln. – Aber es kam ganz anders.

Nachdem schon der Emerging-Materials-Report von „LENR" gesprochen hatte, ging es jetzt richtig „zur Sache": Im Spätsommer 2020 legte die EU das Projekt „CleanHME" auf. „H" steht dabei für Wasserstoff, „M" für Metall und „E" für Energie. **Wem bei diesen Zutaten Fleischmann und Pons und Andrea Rossi einfallen, der liegt damit wohl goldrichtig.** Link zum Projekt: **Link 15**

Es wurde ein Konsortium gebildet, bestehend aus:
- University of Szczecin
- Institute for Solid-State Nuclear Physics
- Broad Bit Energy Technologies
- Institut Jozef Stefan
- Futereon
- Akademia Morska w Szczecinie
- Uppsala Universitet
- Universita degli Studi di Siena
- Centre national de la recherche scientifique
- LIFCO
- SART von Rohr
- Lakoco

- LIFCO
- Lakehead University

Unter dem o. g. Link ist die Webseite erreichbar und es sind weitere Informationen zu den beteiligten Institutionen verfügbar.
Als Leitfaden für das Projekt wurde festgelegt:

Überblick über das Projekt

CleanHME soll eine neue, saubere, sichere, kompakte und sehr effiziente Energiequelle auf der Basis von Wasserstoff-Metall- und Plasmasystemen entwickeln, die sowohl für den privaten Gebrauch als auch für industrielle Anwendungen einen Durchbruch darstellen könnte. Die neue Energiequelle könnte sowohl als kleines mobiles System als auch alternativ als eigenständiger Wärme- und Stromgenerator eingesetzt werden. Wir planen den Bau eines neuen Kompaktreaktors, um die HME-Technologie während der Langzeitexperimente zu erproben und den Stand der Technik zu erhöhen. Eine umfassende Theorie der HME-Phänomene soll ebenfalls erarbeitet werden. Die Ziele des Projektes sind wie folgt formuliert:

Zielsetzungen – Hauptziele des Projekts:
Erstes Ziel: Eines der Ziele des CleanHME-Projekts ist es, die Wärmeerzeugung zu verbessern, bessere ak-

tive Materialien (AM) zu entwickeln und die Kenntnisse über die wichtigen Parameter für ihre Nutzung zu erwerben, insbesondere ihre maximale Lebensdauer, die Betriebstemperatur und den Gasdruck. Ziel ist es, zuverlässige AMs zu entwickeln, die eine spezifische Leistung von nicht weniger als 1 W/cm3 liefern können. Zweites Ziel: Basierend auf früheren Experimenten wird angenommen, dass die Energieerzeugung aus strahlungsfreien Kernreaktionen resultiert, die in metallischer Umgebung stark verstärkt werden. Es werden mehrere Kandidatentheorien in Betracht gezogen, insbesondere solche, die geeignet sind, quantitatives reaktortechnisches Know-how zu erreichen. Daher sind spezifische Laborexperimente geplant, um die Theorien zu testen und ihre Vorhersagen zu überprüfen. Dies soll durch eine Kombination von Beschleunigerexperimenten und Gasbeladungsexperimenten erfolgen, die in speziellen Reaktoren bei Raumtemperatur und erhöhten Temperaturen durchgeführt werden.

Drittes Ziel: Studien über mögliche Anwendungen. Wärme, die bei einer ausreichend hohen Temperatur erzeugt wird, kann direkt für verschiedene Heizzwecke verwendet werden. Sie kann in mechanische Leistung und Elektrizität für mobile und stationäre Anwendungen umgewandelt werden. **Wenn sich bestätigt, dass diese neue Energieform wie erwartet funktioniert, hat sie das Potenzial, die Weltenergiebilanz mit unvergleich-**

lichen Vorteilen für die Gesellschaft oder die industrielle Wettbewerbsfähigkeit zu revolutionieren.

Und schon geht es weiter. Kaum ist das zuvor beschriebene Projekt gestartet, folgt schon das nächste. **Link 16.** Es heißt: „Breakthrough zero-emissions heat generation with hydrogen-metal systems" („Durchbruch zur emissionsfreien Wärmeerzeugung mit Wasserstoff-Metall-Systemen") Das Ziel des Projektes ist wie folgt beschrieben:

„Zielsetzung – Um den katastrophalen Klimawandel abzuwehren, werden dringend bahnbrechende Energieerzeugungstechnologien benötigt. Mehr denn je ist es jetzt an der Zeit, auch unkonventionelle Optionen in Betracht zu ziehen. Das Unterthema c. Völlig neuartige Nullemissions-Energieerzeugung für eine vollständige Dekarbonisierung könnte hierauf Antworten geben. Alle Ansätze in den genannten Forschungsbereichen sind höchst unkonventionell. Als Elektrochemiker werden wir zu diesem Ziel beitragen, indem wir an Wasserstoff-Metall-Systemen arbeiten. Wir schlagen vor, die Entwicklung von Wasserstoff (und Deuterium) unter unkonventionellen Bedingungen, d. h. auf Metallhydriden, zu untersuchen, und die Hauptmotivation für diese Arbeit beruht auf der jüngsten Nature-Perspektive „Revisiting the cold case of cold fusion". **Wenn Deuterium in das Pd-Gitter geladen wird, besteht die Chance, dass**

etwas sehr Interessantes passiert, was zur Erzeugung von überschüssiger Wärme führt. Der erste Bericht über eine solche Reaktion wurde vor 30 Jahren veröffentlicht, aber von der wissenschaftlichen Gemeinschaft schnell wieder verworfen. Aber was ist, wenn es wirklich etwas gibt? **Können wir es uns angesichts der gegenwärtigen Klimakrise leisten, dies nicht weiter zu untersuchen?** Google hat vor kurzem ein Forschungsprojekt in diesem Bereich finanziert, das einige interessante Ergebnisse erzielt hat, aber keine überschüssige Wärme produziert. Das Team kam jedoch zu dem Schluss, dass es sehr schwierig war, die für den Start der überschüssigen Wärmeproduktion gemeldeten erforderlichen Bedingungen zu erreichen, und dass „in diesem wenig erforschten Parameterraum noch viel interessante Wissenschaft zu betreiben ist. Dies ist ein Projekt mit hohem Risiko/hoher Belohnung, aber mit Hilfe all der verbesserten Techniken und Werkzeuge, die in den letzten 30 Jahren entwickelt wurden, glauben wir, dass es sich lohnt, das Thema erneut aufzugreifen. Wir werden modernste Technologien einsetzen, um elektrochemische Pd-D-Systeme vorzubereiten, zu charakterisieren und zu untersuchen, sowohl bei Raumtemperatur als auch bei Temperaturen bis zu 1100 K. Wir werden uns auf die Methodenentwicklung konzentrieren, wobei der Schwerpunkt auf der Reproduzierbarkeit liegt. Wenn keine nuklearen Effekte beobachtet werden, werden wir Informationen über die Isotopeneffekte für die Entwicklung von

Wasserstoff gewinnen". Folgende Institutionen sind an diesem Projekt beteiligt:

Koordinator: TURUN YLIOPISTO, Finland
- *Technische Universität München*
- CENTRE NATIONAL DE LA RECHERCHE SCIENTIFIQUE CNRS
- VYSOKE UCENI TECHNICKE V BRNE
- IMPERIAL COLLEGE OF SCIENCE TECHNOLOGY AND MEDICINE
- UNIVERSITY OF LIMERICK
- AALTO KORKEAKOULUSAATIO SR

Details zu diesen Einrichtungen sind auf der Webseite einsehbar. – Das Projekt läuft vom 1.11.20 bis zum 31.10.24. Das Budget beträgt rund 4 Mio. €. Ich schätze einmal, dass sich mit derartigen Summen gerade einmal die Pressestellen der Projekte zur „Heißen Fusion" wie ITER oder Wendelstein finanzieren lassen.

Was ist sonst noch zu diesen Projekten zu sagen. Die EU hat einen mutigen und zugleich überfälligen Schritt getan. Vom Kick-Off-Meeting bis heute hat es allerdings sieben Jahre gedauert. Wann und welche Ergebnisse irgendwann vorliegen, ist offen. Rossi selbst betreibt seine systematische Forschung zu LENR seit 1996. Eine nachhaltige Reaktion der US-Navy (mit dem Besuch von Tony Tether bei Andrea Rossi) gab es bereits 2009. Gelegenheit, sich über vorliegende Patente, Gutachten und Demonstrationen zu informieren, gab es seitdem reichlich. – Die Forschungen von Dr. Randall Mills spielten sich etwa zur gleichen Zeit ab. Alle seine Versuche waren hervorragend dokumentiert und jedermann zugänglich. – Erst jetzt 2020/21 beginnen Forschungen der EU auf diesem Gebiet, während die übrige Welt mit Patenten zu LENR „zugepflastert" ist und die Produkte von Rossi und Mills praktisch marktreif sind.

Das die Forschungen diesen Stand erreicht haben, verdanken wir Leuten wie Stanley Pons, Martin Fleischmann †, Prof. Sven Kullander †, Eugene Mallove †, Prof. Sergio Focardi †, Dr. Michael McKubre, Edmund Storms, Pamela Mosier-Boss, Lawrence Forsley, Prof. Alexander Parkhomov, Prof. Vladimir Visottskii, Prof. Leif Holmlid, Prof. Peter L. Hagelstein, Francesco Piantelli und nicht zuletzt Dr. Andrea Rossi und Dr. Randall Mills. Ich entschuldige mich bei den vielen „Ungenannten", die nicht so in meinem Blickfeld waren.

Die europäischen Forscher sollten nicht unterschätzen, dass Rossi sein Patent konsequent verteidigt. Einem seiner früheren Kollegen (Francesco

Piantelli) ist das Patent zu einem „E-Cat-ähnlichen" Gerät von der europäischen Patentbehörde zunächst erteilt worden. Es wurde auf Einspruch von Rossi aber wieder entzogen. Ähnlich handelt übrigens Dr. Mills, von Brilliant-Light-Power. Als ein australischer Wissenschaftler die SunCell replizierte, bekam er sofort eine Abmahnung von BLP.

Die besondere Rolle der NASA

Eine besondere Rolle in der US-Forschung zur Kalten Fusion spielt neben der US-Navy die NASA. Ich gebe hier einige Beispiele: Im Februar 2013 erschien ein Artikel der NASA mit der Überschrift: „The Nuclear Reactor in your Basement" – Das Kernkraftwerk in Ihrem Keller von Bob Silberg (NASA) **Link 17.** Hier die Übersetzung einiger Auszüge:

*Möchten Sie Ihren Warmwasserbereiter durch einen Kernreaktor ersetzen? Das ist es, was Joseph Zawodny, ein leitender Wissenschaftler am Langley Research Center der NASA, hofft, zu erreichen. Es würde die enorme Kraft des Atoms nutzen, um heißes Wasser für Ihr Bad, warme Luft für Ihr Ofensystem und mehr als genug Strom für Ihr Haus und natürlich Ihr Elektroauto zu liefern. Wenn Ihre Gedanken nach Fukushima oder Three Mile Island oder Tschernobyl wandern, lassen Sie mich Ihnen versichern: Zawodny schlägt nicht vor, dass Sie **diese** Art von Reaktor in Ihr Haus stellen. Was er im Sinn hat, ist ein Generator, der einen Prozess namens Low-Energy Nuclear Reactions verwendet.* **Ein Prozent des jährlich abgebauten Nickels könnte den weltweiten Energiebedarf zu etwa einem Viertel der Koh-**

lekosten decken, so Schätzungen von Bushnell ...
„*Alles, was wir wirklich brauchen, ist dieser unwiderlegbare, reproduzierbare Beweis, dass wir ein System haben, das funktioniert*", *sagte Zawodny*. „*Sobald du das hast, wird jeder sein Vermögen dafür einsetzen. Und dann will ich eines dieser Dinger kaufen und es in mein Haus stellen.*"

In der Folgezeit gab es eine große Zahl von Aufsätzen, Patentanmeldungen und erteilte Patente zu LENR für die NASA. Unter anderem habe ich hier eine Präsentation des Chef-Wissenschaftlers der NASA, Dennis M. Bushnell, NASA-Forschungszentrum Langley (**Link 29**). In dieser undatierten Präsentation (es handelt sich um Kopien der Folien) geht es um exotische Energien „jenseits der Chemie". Einige Folien betreffen LENR.

Jenseits der Chemie – Exotische Energetik/Antrieb
LENR [Niedrigenergie-Kernenergie Reaktionen]

Ursprünglich „Kalte Fusion" genannt, eine experimentelle Entdeckung mit Replikationsproblemen und keiner akzeptablen Theorie

Jetzt zeigen fast 2 Jahrzehnte massiver weltweiter Datenerhebungen/Experimente, dass die Daten „echt" sind

Nun, eine tragfähige Theorie [Widom/Larsen]

Nicht „Hot Fusion", sondern elektroschwache Wechselwirkungen sind über das „Standardmodell" der Quantentheorie an Oberflächen erklärbar

Diese Theorie wird verwendet, um die „Qualität" der Wärme und die praktische Anwendbarkeit zu erhöhen, keine Fragen der Radioaktivitätssicherheit

Eine der letzten Veröffentlichungen der NASA kam im Okt. 2020 (**Link 18**) Sie stammt von dem leitenden Experimentalphysiker der NASA Lawrence Forsley. Es handelt sich dabei um meine Übersetzung eines Interviews mit dem Wissenschaftler in „E-Cat-World":

Lawrence Forsley Interview: Regierungen „knabbern an den Rändern" bei der Finanzierung der „Kalten Fusion"/LENR/Gittereinschlussfusion – veröffentlicht am 7. Oktober 2020. Dank an Gerard McEk für die Veröffentlichung eines Links zu dieser Ausgabe des Tech Talks Daily Podcast, in dem Neil C. Hughes Laurence Forsley interviewt, leitender Experimentalphysiker bei der NASA, Forschungsstipendiat an der University of Texas und CTO der Global Energy Corporation. Er ist ein langjähriger Forscher auf dem Gebiet der Kalten Fusion/LENR, der zu den Mitgliedern des von der NASA finanzierten

Teams gehört, die kürzlich Arbeiten über einen Prozess veröffentlicht haben, den sie als „Gittereinschlussfusion" bezeichnen und bei dem überschüssige Wärmeproduktion und Elementumwandlung beobachtet wurden. Auf die Frage, warum die Kalte Fusion vom wissenschaftlichen Establishment als nicht möglich erachtet wurde, erklärt Forsley, dass es dreißig Jahre gedauert habe, um zu verstehen, wie die so genannte „Kalte Fusion" möglich ist, und dass die Reaktion ihre Wurzeln in den 1920er-Jahren hatte. Er stellt fest: „Diese Beobachtungen wurden selbst wegen unvollständiger Kenntnisse zurückgezogen. Die Sichtweise der Quantenmechanik macht dies unmöglich, deshalb ist es nicht geschehen. Aber wir haben ein paar Dinge übersehen". Forsley sagt, dass seine Gruppe in Bezug auf die Finanzierung der Forschung auf diesem Gebiet von der NASA finanziert wurde und dass die Regierungen nun „an den Rändern knabbern": „Der Bedarf ist groß, das Versprechen ist phänomenal, aber es gibt auch eine Menge Rückschläge, denn wie Sie bemerkten, gibt es eine Menge Bedenken, dass dies unmöglich wahr sein kann." Als er gebeten wurde, die Gittereinschlussfusion zu erklären, erklärte er: „Was Sie haben, ist ein Metallgitter, die von uns veröffentlichten Arbeiten verwenden zufällig Titan, und in einer davon wurde Erbium verwendet. Wir haben dort Deuterium, das ein schweres Isotop von Wasserstoff ist – anstelle eines Protons ist es ein Proton plus ein Neutron – und wir können diese mit einer Dichte hineinpacken, die im Grunde dichter ist als feste Materie (wenn Sie festes Deuterium hätten). Was dann passiert, ist, dass diese sich immer noch nicht mögen, positive Ladungen, wenn Sie sich also vorstellen können, zwei Magnete zu haben, deren Pluspole einander zugewandt sind. Wenn Sie sie zusammendrücken, bewegen sie sich auseinander. Aufgrund der inhärenten Elektronen aus dem vorhandenen Titan oder Erbium oder aus Palladium besteht eine größere Wahrscheinlichkeit, dass diese beiden Pluspole **durch die lokalen negativen Elektronen ausgelöscht werden.** *So wie ich das sehe, ist das sozusagen der Unterschied zwischen der Heißen Fusion und der Kalten Fusion. Die Heiße Fusion ist wie Karate. Man muss die Atome nahe genug aneinander zwingen, und die starke Kernkraft zieht sie zusammen, trotz dieser positiven Ladungen. Während das, was wir bei der Gittereinschlussfusion (oder der fälschlicherweise als Kalte Fusion bezeichneten Fusion) tun, eher wie Aikido ist,* **nutzen wir die Überblendung der Elektronenabschirmung, um die Ladungen der Kerne voreinander zu verbergen und sie miteinander zu vermischen, und wir bekommen die Fusion heraus".** Laut Forsley ist es nur eine Frage des Geldes und der Zeit, ob und wann diese Technologie zu kommerziellen Produkten entwickelt werden kann. **Er ist der Meinung, dass eine auf diesen Reaktionen basierende Energieerzeugungstechnologie zu einer dezentralisierten Energieerzeugung und sogar zur Integration der Energieerzeugung in Konsumprodukte führen könnte.**

In Ergänzung zu den Ausführungen von Forsley möchte ich mit meinen Worten verdeutlichen, und zwar mit allem Vorbehalt, wie sich die Kalte Fusion möglicherweise abspielt: Wie mehrfach erwähnt verhindert die Coulomb-Barriere die Fusion zweier Protonen, weil diese positiv geladen sind. Ähnlich der Abstoßung zweier positiver Magnete. Durch die extreme Verdichtung der atomaren Situation und die Einwirkung von Vibrationen und Resonanzen in den kleinen Reaktoren geraten die Wasserstoffatome in eine „unübersichtliche Lage", die von der üblichen Anordnung von Protonen, Neutronen und Elektronen abweicht. In dieser außergewöhnlichen Situation können sich Ansammlungen (Cluster) von Elektronen ergeben, deren negative Ladungen ausreichen, die Abstoßungsneigung der positiv geladenen Protonen aufzuheben. Wenn das so wäre – und einiges spricht dafür – wäre das ein wahrlich „eleganter" Weg der Kernfusion.

Nicht zu übersehen ist, dass auch bei der NASA die bereits vorliegenden Erfolge von Dr. Rossi und Dr. Mills unerwähnt bleiben. Es ist für diesen Giganten wohl schwer zu verkraften, auch nicht annähernd die Ergebnisse der beiden genannten Forscher vorweisen zu können.

Airbus und die Kalte Fusion

2018 wurde Airbus das folgende Patent **erteilt**: **Link 19** (Es gibt weitere Patente und Patentanmeldungen von Airbus zur LENR-Technologie)

(11) EP 3 047 488 B1
(12) EUROPÄISCHE PATENTSCHRIFT
(45) Veröffentlichungstag und Bekanntmachung des Hinweises auf die Patenterteilung: 07.03.2018 Patentblatt 2018/10
(21) Anmeldenummer: 14771840.7
(22) Anmeldetag: 17.09.2014
(51) Int Cl.: G21B 3/00 (2006.01)

(86) Internationale Anmeldenummer: PCT/EP2014/069828
(87) Internationale Veröffentlichungsnummer: WO 2015/040077 (26.03.2015 Gazette 2015/12)

(54) ENERGIEERZEUGUNGSVORRICHTUNG UND ENERGIEERZEUGUNGSVERFAHREN SOWIE STEUERUNGSANORDNUNG UND REAKTIONSBEHÄLTER HIERFÜR ENERGY GENERATING DE-

VICE AND ENERGY GENERATING METHOD AND CONTROL ARRANGEMENT AND REACTOR VESSEL THEREFOR
DISPOSITIF GÉNÉRATEUR D'ÉNERGIE ET PROCÉDÉ DE GÉNÉRATION D'ÉNERGIE ET ENSEMBLE DE COMMANDE ET CONTÉNEUR DE RÉACTION ASSOCIÉ

(84) Benannte Vertragsstaaten:
(74) Vertreter: Kastel, Stefan
AL AT BE BG CH CY CZ DE DK EE ES
FI FR GB Kastel Patentanwälte
GR HR HU IE IS IT LI LT LU LV MC MK
MT NL NO St.-Cajetan-Straße 41
PL PT RO RS SE SI SK SM TR 81669 München (DE)
(30) Priorität: 17.09.2013 DE 102013110249
(56) Entgegenhaltungen:

(43) Veröffentlichungstag der Anmeldung:
WO-A1-01/29844
WO-A1-97/20320
WO-A1-97/20318
WO-A1-2010/058288
27.07.2016 Patentblatt 2016/30 US-A1- 2012 008 728
(73) Patentinhaber:
- Airbus Defence and Space GmbH 82024 Taufkirchen (DE)
- Airbus Operations GmbH 21129 Hamburg (DE)

(72) Erfinder:
- *KOTZIAS, Bernhard 28717 Bremen (DE)*
- *SCHLIWA, Ralf 21739 Dollern (DE)*
- *VAN TOOR, Jan 81739 München (DE)*
- *celani et al.: „Experimental results on sub-microstructured Cu-Ni alloys under high temperatures Hydrogen/Deuterium interactions.", X International Workshop on Anomalies in Hydrogen Loaded Metals., 14 April 2012 (2012-04-14), pages 1-53, Retrieved from the Internet: URL:http://www.22passi.it/downloads/X-WorksISCMNS_2012H4Pres.pdf [retrieved on 2017-06-19]*

Auszug aus der Patentschrift:

Beschreibung
[0001] „Die Erfindung betrifft eine Energieerzeugungsvorrichtung und ein Energieerzeugungsverfahren zur Energieerzeugung. Weiter betrifft die Erfindung eine Steuerungsanordnung und einen Reaktionsbehälter für eine solche Energieerzeugungsvorrichtung.
[0002] Insbesondere betrifft die Erfindung eine Energieerzeugungsvorrichtung mit einem Reaktionsbehälter oder einer Zelle zum Erzeugen von Wärmeenergie durch eine exotherme Reaktion. Als exotherme Reaktion wird insbesondere ein Quantenkondensat auf einem metallgitterunterstützten elektrodynamischen Prozess mit Wasserstoff durchgeführt. Die Beteiligung der schwachen

und starken Wechselwirkung wird nicht ausgeschlossen. Vorzugsweise wird als exotherme Reaktion eine LENR durchgeführt, diese steht für „low energy Nuclear Reaction". Dieser Name ist historisch begründet, im Endeffekt, werden niederenergetische Reaktionsprodukte durch eine Fusion von Nukleonen erzeugt.

[0003] Neueste Forschungen zeigen, dass mit Unterstützung von Metallgittern Wasserstoff, darunter werden alle Isotope des Wasserstoffs einschließlich leichtem Wasserstoff, Deuterium und Tritium verstanden, unter Einwirkung von Stößen und Resonanzeffekten zur Energieerzeugung genutzt werden kann.

[0004]vReaktionsmaterialien zur Durchführung solcher metallgitterunterstützten elektrodynamischen Kondensationsprozesse, wie z. B. LENR-Materialien, sind bereits bekannt und werden von einer Reihe von Firmen verwirklicht, insbesondere der Leonardo Corporation (Anmerkung: **Das ist die Firma von Dr. Andrea Rossi**) – siehe hierzu die WO 2009/125444 A1 – oder die Firmen Defkalion Green Technology, Brillouin Energy oder Bolotov. Andere, wie z. B. in den unten wiedergegebenen Literaturstellen [8], [9], [10] ausgeführt, führen Zusammensetzungen von Übergangsmetallen und Halbmetallen ein.

[0005] Unter LENR+ werden LENR-Prozesse verstanden, die unter Verwendung speziell hierzu entworfener Nanopartikel ablaufen.

[0006]

Bei Heise gab es einen nicht mehr anwählbaren Link: *Kalte Fusion als Game Changer, Haiko Lietz, 23.03.2012, Teil 11 werden Themen öffentlicher Diskussionen zur LENR zusammengestellt.*

[0007] *In der JP 2004-85519 A werden ein Verfahren und eine Vorrichtung zur Erzeugung großer Energiemengen und von Helium mittels nuklearer Fusion unter Verwendung von hochdichtem Deuterium in Nanopartikeln offenbart.*

[0016] **Bevorzugte Ausgestaltungen der Erfindung zielen darauf ab, einen autonomen – d. h. insbesondere tragbaren, kompakten – Generator zur Energieversorgung zu schaffen, der für unterschiedliche Anwendungen verwendet werden kann. Insbesondere sind Anwendungen im Automobilbau und Fahrzeugbau, in der Luftfahrzeugindustrie, der Schifffahrtsindustrie und für die Raumfahrt gedacht.**

[0017] *Es sind bereits seit längerem unterschiedliche Wärmeenergiequellen für derartige Bereiche im Einsatz. Z. B. sind [sic] konventionelle Zellen zur Energieversorgung Vortriebsmaschinen, wie z. B. Turbinen oder Kolbenmaschinen, die auf chemischen Verbrennungs- oder Oxidationsprozessen unter Verwendung von fossilen oder synthetischen Brennstoffen basieren. Es gibt ein großes Bedürfnis, die derzeit eingesetzten Wärmeenergiequellen zu ersetzen, da sie eine Reihe von Nachteilen bieten.*

[0018] *Insbesondere soll mit der Erfindung eine Wärmequelle zur Ersetzung der bekannten Wärmeenergieer-*

zeuger für den Transportsektor, z. B. im Automobilbau, Schiffbau, Luftfahrzeugbau, für Raumfahrtmissionen, aber auch für Forschungs- und Erprobungszwecke und Expeditionen und für Feldanwendungen oder militärische Anwendungen mit mobilen Einheiten geschaffen werden.
[0019] Wärmequellen, die die Verwendung fossiler Brennstoffe vermeiden, sind bereits für Raumfahrtmissionen oder Unterseeboote im Einsatz, diese verwenden aber seit langem bekannte übliche Technologie, d. h. insbesondere nuklear radioaktive Hitzequellen, beispielsweise basierend auf Uranspaltung oder einfach unter Nutzung von Plutoniumzerfall.
[0020] Eine neue Technologie, die die vorteilhaften Merkmale der konventionellen Technologie in Bezug auf Zuverlässigkeit und autonomen Betrieb, jedoch in Verbindung mit einem abfallfreien Betrieb und einem Betrieb frei von radioaktiver Strahlung, und dies auch noch zu wettbewerbsfähigen Kosten, wird ein überaus hohes Potential für industrielle Anwendungen, insbesondere im Transportsektor, bereitstellen.
[0021] Bisher bekannte Zellen unter Verwendung von exothermen Reaktionen haben den Nachteil, dass sie nicht autark bzw. nicht sich selbst erhaltend sind, wobei das Risiko exothermaler Instabilitäten eine Steuerung sowie eine externe Versorgung zum Betrieb benötigt. [0022] Folgende Kriterien sollte eine exotherme Energiequelle für den Transportsektor wie Fahrzeugbau, Luft- und Raumfahrt erfüllen:

1. *Die Energiequelle sollte umweltfreundlich und nachhaltig sein, d. h. Energie im Gegensatz zur konventionellen Energieproduktion auf Kohlenstoffbasis ohne Erzeugung von Treibhausgasen und weiter **ohne Strahlung und ohne Abfall, insbesondere ohne radioaktiven Abfall,** erzeugen. Sie sollte auch im Hinblick auf sekundäre Energieträger kohlenstofffrei arbeiten, wie z. B. durch Wind- oder Sonnenenergie produzierte Energieträger oder Brennstoffe.*
2. *Die Energiequelle sollte in der Leistung vom Bereich von wenigen Watt bis zu Megawatt als Nennleistung ausgelegt werden können.*
3. *Die Energiequelle sollte in kleine Einheiten integrierbar sein, wie z. B. in Kraftfahrzeuge oder Luft- und Raumfahrzeuge.*
4. *Sie sollte leichtgewichtig hinsichtlich der zu leistenden Arbeit sein. Wünschenswert wäre ein Wert kleiner als 10 MWh/kg.*
5. *Sie sollte leichtgewichtig im Hinblick auf die zur Verfügung gestellte Leistung sein. Wünschenswert wäre ein Wert kleiner 1 kW/kg.*
6. *Sie sollte ohne Notwendigkeit einer Nachladung oder Nachtankung für eine längere Zeit kontinuierlich arbeiten. Wünschenswert wäre ein Betriebsdauer von mehr als 1 Monat ohne Nachladung oder Nachbetankung.*
7. *Sie sollte autark bzw. sich selbst erhaltend sein, d. h. einen Betrieb ohne die Notwendigkeit, externe Energie oder Leistung hinzuzufügen, gewährleisten.*

8. Sie sollte in erheblichem Maße zuverlässig arbeiten.
9. Es wäre wünschenswert, dass eine einmal konstruierte Zelle ohne Nachladen oder Nachtanken arbeitet und nach ihrer Lebenszeit im Sinne einer nachhaltigen Bewirtschaftung recyclebar ist.

Wie nah Airbus einem Prototypen oder ganz allgemein der praktischen Anwendung ist kann ich nicht sagen. Noch eine Ergänzung: Nach Information durch die Webseite e-catworld.com (wahrscheinlich 2015/16) hat der „Deputy Director of Technology" des italienischen Öl- und Gasgiganten Saipem SA, Jacques Ruer, an einer Tagung bei Airbus teilgenommen. Er hielt dort einen Vortrag mit dem Titel „Analyse des potentiellen thermischen Verhaltens des Energie-Katalysators beschrieben im Patent US 9,115,913B1". Gemeint ist der E-Cat von Adrea Rossi. Ruer beschrieb ausführlich die Funktion des E-Cat und die Konsequenzen, die sich aus der Patenterteilung ergeben. In der Tagesordnung bei Airbus ist sein Vortrag so betitelt: *„Jacques Ruer, a fait une analyse pertinente du dernier brevet d'Andrea Rossi, en détaillant les différents points importants".* (Jacques Ruer machte eine sachdienliche Analyse von Andrea Rossis jüngstem Patent, in der er die verschiedenen wichtigen Punkte ausführlich darlegte.) Saipem (Eni-Group) ist eine italienische Aktiengesellschaft, die sich mit der Herstellung von

Maschinen, Plattformen und weiteren Produkten zur Erdölgewinnung beschäftigt. Saipem hat einen Umsatz von über 12 Mrd. € und (Stand 2011) rund 44000 Beschäftigte.

Noch eine Anmerkung zum Punkt „Integration in Kraftfahrzeuge": Alle LENR-Reaktoren können in Kraftfahrzeuge integriert werden. Sie übernehmen dort die Funktion der Batterien. Im Gegensatz zu Batterien sind sie aber keine Energie**speicher**, sondern Energie**erzeuger**.

Abgrenzung der Kalten Kernfusion zur sog. „Wasserstoffwirtschaft"

Ich erlaube mir, wieder einen Text aus Wikipedia zu zitieren: *„Eine Wasserstoffwirtschaft ist ein Konzept einer Energiewirtschaft, die hauptsächlich oder ausschließlich Wasserstoff als Energieträger verwendet. Bisher wurde eine Wasserstoffwirtschaft in keinem Land der Erde verwirklicht. Wasserstoff ist zwar chemisch gesehen ein Primärenergieträger, in der Natur jedoch praktisch nicht in freier Form vorhanden, sondern muss erst mit Hilfe anderer Energiequellen (fossile Energie, Kernenergie oder erneuerbare Energien) gewonnen werden. Damit ist eine Wasserstoffwirtschaft nicht automatisch nachhaltig, sondern nur so nachhaltig wie die Primärenergien, aus denen der Wasserstoff gewonnen wird. Derzeit geschieht die Gewinnung von Wasserstoff primär auf Basis fossiler Energieträger wie dem in Erdgas enthaltenen Methan. Konzepte für zukünftige Wasserstoffwirtschaften sehen zumeist die Wasserstoffgewinnung aus erneuerbaren Energien vor, womit eine solche Wasserstoffwirtschaft emissionsfrei sein könnte. Während eine klassische Wasserstoffwirtschaft bisher in keinem Staat der Erde angestrebt wird, existieren Planungen, im Rahmen der Energiewende und des Ausbaus von erneuerbaren Energien Wasserstoff oder aus Wasserstoff gewonnene Brennstoffe wie Methan oder Methanol verstärkt in die bisherige*

Energieinfrastruktur einzubinden. Es gibt aber inzwischen beispielsweise von der deutschen Bundesregierung nochmals deutlich verstärkte Förderprogramme für regenerativ erzeugten grünen Wasserstoff."

Nochmals: Wasserstoff ist von sich aus keine „grüne" Energie, sondern nur so grün, wie die Erzeugungsmethoden, die zu seiner Gewinnung nötig sind. Grün ist Wasserstoff nur, wenn er mit erneuerbaren Energien gewonnen wird. In einer neuen Veröffentlichung des wissenschaftlichen Dienstes des Bundestages heißt es: *„Laut BMWi hat Wasserstoff bisher keine Bedeutung für die Energieversorgung in Deutschland". „Pro Jahr werden etwa 55 TWh (Heizwert) Wasserstoff fast ausschließlich aus Erdgas („grauer Wasserstoff") erzeugt und überwiegend stofflich in der Industrie genutzt. CO2-freier Wasserstoff („grüner Wasserstoff") aus Power-to-Gas-Anlagen wird bisher nur in sehr geringen Mengen in bundesweit ca. 40 Pilot- und Demonstrationsanlagen erzeugt und anschließend entweder direkt genutzt oder in das Gasnetz eingespeist."* Im Grunde wäre die Wasserstoffgewinnung mit Wind- oder Solarenergie ideal, denn durch die Speicherung der erzeugten Energie als Wasserstoff wären die systembedingten Schwankungen der Wind- und Solarenergie perfekt auszugleichen. Wie schon zu lesen, könnte man den Wasserstoff auch in das bestehende Gasnetz einleiten, allerdings ist dabei der Mix der verschiedenen Gasarten zu berücksichtigen. Das eigentliche Problem ist die Wirtschaftlichkeit und die zeichnet sich im Vergleich zu anderen Energieträgern bisher nicht ab. Natürlich könnte man die Wirtschaftlichkeit durch Regulierung einfach „anordnen", d.h. die Verteuerung dem Verbraucher aufzwingen. Man müsste die Wind- und Solarenergie bei gleichzeitig erhöhter Effektivität noch sehr viel stärker ausbauen. – Ich frage mich nur, was man Gewerbetreibenden und Pendlern noch alles zumuten will. Aus den großen Städten heraus, wo man mit dem Fahrrad, der U- oder S-Bahn alles erreichen kann, scheint das plausibel. Für den Malermeister oder Maurer, die Spediteure und andere Gewerbetreibende eher nicht und für den Berufspendler schon gar nicht. Die einzige Gemeinsamkeit zwischen der Wasserstoffwirtschaft und der Kalten Kernfusion ist, dass Wasserstoff die Schlüsselrolle einnimmt. Der kleine, aber feine Unterschied: Die Grundlage der Wasserstoffwirtschaft sind teure chemische Prozesse und bei der Kalten Kernfusion handelt es sich um nukleare Prozesse. Und bei diesen kommt bekanntermaßen Einstein mit seiner Formel $E=MC^2$ zu Hilfe. Der Energiegewinn ist mit dieser Methode vieltausendfach höher.

Erhebliche Behinderungen meiner LENR-Aktivitäten

Die Störungen meiner Webseite haben mich noch die meiste Zeit gekostet. Immer wieder musste ich feststellen, dass der Nutzername (die erste Stufe zur Anmeldung) ausgetauscht wurde. Das ist leicht zu sehen, weil bei der Anmeldung automatisch immer der Nutzername eingetragen wird, welcher zuletzt angegeben wurde. Es hat also Anmeldeversuche gegeben. Das war aber das kleinere Problem: Mein Blog wurde nicht nur einmal komplett stillgelegt. Es gelang nur mit Hilfe des Providers, ihn wieder erreichbar zu machen. Dann ein ganz neues Problem: Ich konnte an meinem PC surfen, Online-Bestellungen usw. tätigen, ich konnte meinen Blog sehen, aber nicht bearbeiten. Auch nicht über meinen Laptop oder mein Tablet. Mein Provider konnte die Seite jedoch bearbeiten und dort eingegebene kleine Veränderungen waren für mich sichtbar. Damit war klar: es musste die Fritz-Box infiziert sein. Ein Rücksetzen der Fritz-Box brachte nicht das gewünschte Ergebnis, auch nicht das stundenlange Telefonieren mit diversen Hotlines. Erst durch den kompletten Austausch war das Problem behoben. Des Weiteren wurden meine Webseiteneinträge in großer Zahl gelöscht (bis zur Hälfte des gesamten Blogs) und sie waren auch beim Provider nicht mehr auffindbar. Mein Glück war, dass gleich mehrere meiner Leser back-ups gemacht hatten und so konnte ich die Seite dann wieder aufbauen. Eine kleinere Episode: Als die Zugriffszahlen für meinen Blog bei Google immer höher wurden, überholte ich schließlich Wikipedia bei den Suchergebnissen zu LENR, die sonst immer an erster Stelle standen. Nachdem sie auf Platz zwei gelandet waren, schalteten sie ihren Text kurzerhand als Anzeige, um auf diesem Wege wieder vorne zu stehen und so ihre Meinungsführerschaft zu dokumentieren.

2019 hielt ich einen Vortrag bei einer Initiative für neue Energien. Kaum waren die Einladungen verschickt und schon 40 Anmeldungen eingegangen, erschien ein sehr polemisch gehaltener Artikel eines lokalen Parteipolitikers in der Tagespresse. Der Veranstalter und auch den Landrat wurden aufgefordert, die Veranstaltung sofort abzusagen. Beide kamen dieser Aufforderung jedoch nicht nach.

Einige Tage später berichtete die Presse über meine Veranstaltung. Es waren irgendwo zwischen 50 und 70 Teilnehmer. Die Veranstaltung war ein voller Erfolg. Die Reporterin/Redakteurin war die ganze Zeit anwesend und hatte in der Pause einige Teilnehmer nach ihrem Eindruck befragt. Von kritischen Stimmen war nichts zu vernehmen, außer dass ein Teilnehmer offensichtlich Schwierigkeiten mit dem theoretischen Hintergrund der Materie hatte. Auch war das Zuhören über zwei Stunden wohl anstrengend. Ich hatte mich besonders bemüht, den Unterschied zwischen der gefährlichen Kernspaltung und der Kalten Fusion darzustellen: auf der einen Seite gefährliche Strahlung und radioaktiver Abfall, auf der anderen Seite nichts von beidem. Und dennoch: Es erschien ein durchaus positiver Artikel, aber als „Aufmacher" war ein großes Foto eines Warnschildes gegen radioaktive Strahlung vorangestellt!

Ein weiteres sehr negatives Beispiel von Meinungsunterdrückung (auch Cancel-Culture genannt) darf nicht fehlen. 2019 erhielt ich auf Initiative einer Unternehmerin und eines Patentanwalts die Einladung einer Hochschule für einen Vortrag. Nach kurzer Vorbereitung wurde von der Hochschule ein Flyer erstellt und kurz darauf **auch von der Hochschule verteilt**. Hier ein Textauszug: *Willkommen an der XXX. Das Studium generale lädt im Wintersemester 2019/20 wieder zu einem regen Gedankenaustausch über wichtige Themen ein, … es folgten genau Angaben zur Örtlichkeit und zu Zeit.*

„Die unendliche und saubere Energie", Willi Meinders, Energie-Experte und -Blogger, Großefehn. „Für den Menschen nutzbare Energie wird nahezu unendlich, wenn sie eine Kernreaktion durchläuft. Bekannt sind Kernreaktionen praktisch nur in Form der sog. „Atomenergie", die enorm ergiebig, aber gleichermaßen unverantwortbar ist. – Kaum bekannt ist dagegen, dass es außerhalb der „Atomenergie" andere Formen der Kernreaktionen gibt, die gleichermaßen effektiv Energie erzeugen, allerdings ohne nukleare Strahlung, weil gar kein spaltbares Material, wie z. B. Uran, verwendet wird. Dieses Gebiet neuartiger Kernreaktionen ist in den letzten 30 Jahren intensiv erforscht worden und steht sehr dicht vor der Markteinführung."

Vier Tage vor dem Vortrag, alle Details waren bereits abgesprochen, Reisen und Hotels gebucht, erhielt ich von der Hochschule folgende Mail:

„Sehr geehrter Herr Meinders,
die Hochschule XXX legt als öffentliche Bildungsinstitution größten Wert auf die wissenschaftliche Belegbarkeit der Inhalte unserer Veranstaltungen. Vor diesem Hintergrund müssen wir den Vortrag „Die unendliche und saubere Energie" im Rahmen des Studium generale am XXX leider absagen.

Wir bieten Ihnen gern ein anderes Format an, welches für den Austausch mit unseren Wissenschaftler*innen *geeignet ist. Die Hochschule XXX bedauert den Ihnen entstandenen Aufwand und übernimmt bei Nachweis die Stornierungskosten für Ihre geplante An- und Abreise.*

Wir verbleiben mit freundlichen Grüßen. XXX

Was zunächst auffällt ist, dass man sich sehr wohl in gender-gerechter Schreibweise auskennt, aber weniger mit dem Terminus „wissenschaftliche Belegbarkeit". Wenn man sich die Mühe gemacht hätte, die zahlreichen Gutachten, die erteilten Patente und dergleichen zu lesen, hätte diese Antwort so nicht gegeben werden dürfen.

Die Absage hat unter den vorgesehenen Teilnehmern einen Sturm der Entrüstung ausgelöst. Hochschule und Ministerien wurden mit Protestschreiben bedacht. Ein Physiker schrieb in mein „Gästebuch":

„Lieber Herr Meinders, ich bin ebenso sehr enttäuscht von der kurzfristigen Absage der HS-Leitung in XXX. Es ist ein jämmerliches Armutszeugnis einer „freien" deutschen Hochschule, die einen unbedingten Bildungs- und Informationsauftrag der Bürger hat, zumal es um eine noch wenig bekannte, aber innovative Zukunftstechnologie geht, die entscheidend unsere Umwelt- und Energieprobleme sehr nachhaltig lösen kann und wird! Schade für Deutschland, das es offenbar nicht wert ist

(nach Meinung und Fehlsicht der HS-Leitung) darüber informiert zu werden. Wie wäre wohl die Reaktion in XXX, wenn Greta und Gefolge eingeladen worden wären (wie ein Kommentator bzgl. A. Rossi kürzlich hier schrieb)? Es wäre wichtig, nachzufragen, welche konkreten wissenschaftlichen Argumente von innerhalb bzw. außerhalb der Hochschule vorgebracht wurden, oder gibt es nur politische? Die wissenschaftliche Belegbarkeit ist ja wohl inzwischen über alle Zweifel erhaben und von Herrn Meinders ausführlich und vorbildlich dokumentiert! Ich werde meine Meinung und meinen Protest zu dieser diskriminierenden Handlung der Hochschulleitung übermitteln. – Dipl.-Phys. XXX

Die Absage hat auch in meinem Blog große Aufmerksamkeit erzeugt. Erstmals waren am 1.12.19 329 Besucher **zur gleichen Zeit** als Leser gemeldet. Später bekam ich noch eine Mail der Hochschule, mit der eine weitere Stellungnahme angekündigt wurde. Sie kam nie. Das Motiv der Absage hat wahrscheinlich einen ganz einfachen Grund und der heißt „Wendelstein". Wendelstein ist ein Versuchsreaktor der sog. „Heißen Fusion" Es handelt sich um eine moderne Experimentieranlage des Typs Stellerator und gilt als modernes Aushängeschild der Fusionsforschung in Deutschland. In diesem Kontext hat eine wesentlich einfachere und billigere Art der Fusionsforschung in

Form von LENR keinen Platz. Informationen über „Wendelstein" gibt es im Internet reichlich. Wie alle Versuchsanlagen hat auch diese noch nie verwertbare Energie erzeugt. Nun kann man sagen, nun ja, dazu ist sie ja auch nicht gedacht, sie soll ja nur helfen, grundsätzliche Entscheidungen für spätere Kraftwerke richtig zu treffen. Alles schön und gut. – Schön, dass es Wikipedia gibt, dort schreibt man: *„Die Gesamtkosten für den IPP-Standort Greifswald, also die Investitionen plus Betriebskosten (Personal und Sachmittel), betragen für diesen Zeitraum von 18 Jahren 1,06 Milliarden Euro. Dies ist wegen der langen Aufbauphase (Personalkosten) mehr als doppelt so viel wie ursprünglich veranschlagt".* – Nur um das einmal richtig zu gewichten: Nachdem die Kalte Fusion seit Jahrzehnten immer wieder nachweisbare Ergebnisse zeigt, aber unter chronischem Geldmangel leidet, wäre sie allein mit den oben gezeigten Geldmitteln längst am Ziel. Das Vortragsprojekt, das eigentlich für XXX gedacht war, ist dann doch noch zu einem Erfolg geworden. Ein „High-Tech"-Unternehmen aus Dresden erklärte sich bereit, „als Ersatz" einzuspringen und stellte mir kostenlos einen modernen Tagungsraum und sogar Getränke und „Schnittchen" zur Verfügung. Trotz der kurzfristigen terminlichen und räumlichen Verlegung kamen rund 40/45 Gäste: Physiker, Ingenieure und interessierte Zuhörer anderer Berufsgruppen. – Eines muss ich zu derartigen Veranstaltungen anmerken: Es ist für mich eigentlich ein kaum zu bewältigender Spagat, technische Laien und hoch qualifizierte Fachleute in ein und derselben Veranstaltung so zu informieren, dass alle gleichermaßen etwas davon haben.

Aus den beiden Beispielen wird in bedrückender Weise klar: Es geht gelegentlich nicht nur um die richtigen Lösungen für die Bevölkerung, es geht auch und oft um Partikularinteressen. Im ersten Fall um den Vorrang der Solarenergie, im zweiten Fall um den Vorrang der „Heißen Fusion". Um beide Bereiche hat sich, ähnlich wie bei der Windenergie, ein lukrativer Kranz von Wohltaten gelegt, bestehend aus Hochschulbudgets, Planstellen, Forschungsaufträgen, Subventionen, Leitungsfunktionen und dergleichen mehr. Ändert sich eine Forschungsrichtung, stehen diese Vorteile in Frage und es baut sich entsprechender Widerstand auf. Menschlich verständlich, aber schlecht für die Sache.

Kalte Fusion in Japan und China

Japan und China haben als große Industrienationen eines gemeinsam: sie haben, ähnlich wie Deutschland, keine nennenswerten Ölreserven und sind unbedingt auf sichere Ölimporte angewiesen. Grund genug, sich um andere Energiequellen zu kümmern. Das hat man mit der „Atomenergie" getan, im Falle von Fukushima mit verheerenden Folgen. China geht auf diesem Felde dennoch munter voran und baut ein Atomkraftwerk (Kernspaltung) nach dem anderen. (Dies ist übrigens eine weltweite Entwicklung) Der Trend geht dort auch zu kleineren Atomkraftwerken, die **an zentraler Stelle hergestellt und in Containern zum Einsatzort geschafft werden**. Sie sollen transportfähig sein und dezentral in großer Zahl installiert werden. Ich zitiere dazu auszugsweise einen Artikel (**Link 25**) der Nachrichtenagentur Reuters aus 2017:

… *China trägt sich mit dem Gedanken kleine Nuklear-Reaktoren zu bauen …*
… *China „wettet" auf neue, kleine Nuklearreaktor-Konstruktionen, die in abgelegenen Regionen, auf Schiffen und sogar auf Flugzeugen eingesetzt werden können.*

Dies ist Teil eines Planes, die Kontrolle des globalen Nuklear-Marktes an sich zu „reißen".

… ein bisschen größer als ein Bus können die neuen Kleinkraftwerke auf einem LKW transportiert werden und werden eventuell weniger als ein Zehntel eines konventionellen Reaktors kosten … … innerhalb von Wochen (Anm.: wir sprechen hier von 2017) will die staatseigene „China National Nuclear Corp." einen kleinen Reaktor mit Namen „Flinker Drache" als Pilotanlage auf einer Insel in der Provinz Hainan errichten, ließen Firmenvertreter verlauten …

… die Kleinanlagen haben eine Kapazität von weniger als 300 MW, genug um 20 000 Haushalte mit Strom zu versorgen, im Vergleich zu mindestens 1 GW bei Standardreaktoren.

Um die Entsorgung der strahlenden Abfälle macht man sich in diesem großen Land wohl weniger Gedanken. China und Japan haben sich auch schon früh um LENR gekümmert, Japan noch mehr als China. Das sich Japan auch um Fortschritte bei der Transmutation von Elementen mittels LENR bemüht, hatte ich bereits berichtet. An LENR wird an verschiedenen Standorten geforscht, nach meinem Eindruck am intensivsten an der Universität Tōhoku. Aus Wikipedia: *„Die Universität Tōhoku befindet sich in Sendai, in der Präfektur Miyagi und ist eine der angesehensten staatlichen Universitäten in Ja-*

pan. Es gibt 10 Fakultäten und über 16 000 Studenten. 1907 wurde die Kaiserliche Universität Tōhoku als eine der neun Kaiserlichen Universitäten gegründet". Mit im Spiel ist die „NEDO" (New Energy and Industrial Technology Development Organization). Sie ist Japans größte öffentliche Verwaltungsorganisation, die Forschung und Entwicklung sowie den Einsatz von Industrie-, Energie- und Umwelttechnologien fördert. Im Jahr 2003 wurde NEDO als unabhängige Verwaltungsinstitution neu organisiert. Die NEDO hat etwa 1 000 Mitarbeiter und Inlandsbüros in Hokkaido, Kansai und Kyushu sowie internationale Büros in Washington D.C., Silicon Valley (Kalifornien), Paris, Peking, Bangkok, Jakarta und Neu-Delhi. Ihr Hauptsitz befindet sich etwas außerhalb von Tokio in Kawasaki City, Präfektur Kanagawa. Eine Ausgründung der Universität Tōhoku ist die Firma Clean Planet. Deren Zielsetzung ist:

1. Sichere, stabile, erschwingliche Energie für alle. Mit der Verstädterung und Industrialisierung der Gesellschaft und dem massiven Bevölkerungswachstum ist die Notwendigkeit bahnbrechender Energieformen entstanden. Clean Planet strebt die Entwicklung und Einführung einer neuen Energiequelle an, die „sicher, stabil und erschwinglich" ist. Erneuerbare Energien aus Quellen, einschließlich Sonne und Wind, wach-

sen rasch, erfüllen jedoch nicht die Herausforderung, die Treibhausgasemissionen auf ein Niveau zu senken, das eine nachhaltige Zukunft sichert. Darüber hinaus stehen der Wettbewerb um Energieressourcen und der Zusammenbruch von Ökosystemen aufgrund des Klimawandels im Mittelpunkt von Menschenrechtsverletzungen und globalen Konflikten. Unser Ziel ist es, den zahlreichen gewaltigen Herausforderungen in den Bereichen Umwelt, Wirtschaft und Sicherheit zu begegnen, indem wir eine revolutionäre neue Energiequelle entwickeln, die fossile Brennstoffe ersetzt. Mit unserer nachhaltigen Forschung und Entwicklung sowie unseren engen Beziehungen zu akademischen und industriellen Partnern streben wir die rasche Einführung dieser neuartigen Technologie an.

2. *Wissenschaftliche Revolution – eine neue Art von Energie.* Das 19. Jahrhundert brachte uns die Dampfmaschine. Das 20. Jahrhundert brachte uns die Kernspaltung und erneuerbare Energien. Wir glauben, dass das 21. Jahrhundert uns eine revolutionäre, neue Energiequelle bringen kann, die „sicher, stabil und erschwinglich" ist. Durch unsere einzigartige Industrie-Akademie-Zusammenarbeit mit der Tōhoku-Universität und anderen Institutionen versuchen wir, unser Verständnis der „neuen Wasserstoffenergie" zu vertiefen, die auch als kondensierte Materie oder Niedrigenergie-Kernreaktion (LENR) bekannt ist. Um die Menschheit rasch

auf den Weg der Entkarbonisierung zu bringen, der nachhaltig ist, versuchen wir auch, praktische Anwendungen zu entwickeln, um die weltweite Einführung dieser neuen sauberen Technologie zu beschleunigen.

3. Partnerschaften für die Zukunft
Die Lösung globaler Energie- und Umweltprobleme kann nur durch Zusammenarbeit erreicht werden. Wie in den Zielen der Vereinten Nationen für eine nachhaltige Entwicklung (Sustainable Development Goals, SDGs) dargelegt, müssen wir uns mit diesen Fragen befassen, damit sich unsere Zivilisation friedlich und wohlhabend entwickeln kann. Um diese neue Ära der Wasserstoffenergie zu begrüßen, erleichtert Clean Planet die Zusammenarbeit mit einem breiten Spektrum von Organisationen und Einzelpersonen. Wir versuchen, eine neue Generation von Ingenieuren zu inspirieren, Anwendungen für „eine sichere und gesicherte Erde für die Kinder der Zukunft" zu entwickeln.

Das Leitungsteam: **Yasuhiro Iwamura, Ph.D.** *Speziell ernannter Professor, Forschungszentrum für Elektronen-Photonen-Wissenschaft, Tōhoku-Universität, seit April 2015, Gruppenleiter, Fortgeschrittene Projektgruppe, Yokohama Research Laboratory, Mitsubishi Heavy Industries Ltd., Tokyo Universitäts-BS in Nukleartechnik, Abteilung für Ingenieurwesen, Universität Tokio Promotion im Rahmen des Graduiertenkurses für Ingenieurwesen*

Takehiko Ito, *(Direktor und technischer Leiter von Clean Planet), Außerordentlicher Professor, Tōhoku-Universität, Außerordentlicher Professor, Forschungszentrum für die Wissenschaft von Elektronen und Photonen, Tōhoku-Universität, seit April 2015, Leitender Chefingenieur, Fortgeschrittene Projektgruppe, Yokohama Research Laboratory, Mitsubishi Heavy Industries Ltd., Kyoto Universität MSc (Master of Science) in Naturwissenschaften, Universität Kyoto BA (Bachelor of Science) in Naturwissenschaften.*

Jirohta Kasagi, *Ph.D. (Emeritierter Professor, Tōhoku-Universität) Emeritus Professor und Forschungsprofessor, Forschungszentrum für Elektronen-Photonen-Wissenschaft, Tōhoku-Universität, Associate Professor, Abteilung für Wissenschaft, Tokio Institute of Technology, Französisches Nationales Forschungslabor für Schwerionenbeschleuniger, Professor, Graduiertenschule für Wissenschaft und Forschung, Tōhoku-Universität, Leiter des Forschungszentrums für Elektronen-Photonen-Wissenschaft, Tōhoku-Universität.*

Clean Planet hat eine umfangreiche Webseite, die ohne Probleme unter „Clean Planet Japan" zu finden ist. Das alles muss man allerdings ins rechte Licht rücken. Clean Planet ist nichts anderes als der Zusammenschluss von Forschern der Tōhuko-Universität, insgesamt etwa fünf Personen und vielleicht weiteren Kräften bzw. Beratern. Die Webseite ist sehr professionell aufgemacht, aber sie lässt Clean Planet viel grösser erscheinen als es wirklich ist. Sehr interessant ist allerdings, dass sich 2019 eine wegweisende industrielle Kooperation ergeben hat. Es gab folgende Pressemeldung: (Auszug)

15. Mai 2019, Presseerklärung
Miura Co., Ltd.
Clean Planet Inc.

„Einsatz für revolutionäre saubere Energie in unserer globalen Gemeinschaft". Clean Planet, ein Pionier in der Entwicklung neuer sauberer Energien, erhält Investitionen von Miura. Miura Co., Ltd., Japans führendem Kesselhersteller, der neu ausgegebene Aktien der Clean Planet Inc. in Tokio durch eine Zuteilung neuer Aktien durch Dritte am 15. Mai 2019 gezeichnet hat. Die Miura-Gruppe entwickelt, produziert und vertreibt seit 1959 weltweit eine Reihe von Produkten in den Bereichen Wärme, Wasser und Umwelt. Sie entwickelt weiterhin einzigartige Produkte und Dienstleistungen, die energieeffizient und in umweltrelevanten Bereichen effektiv sind, um ihre Unternehmensmission „einen Beitrag zur Schaffung einer Gesellschaft zu leisten, die in der Lage ist, die Umwelt zu schützen" zu erfüllen. Die Miura-Gruppe wird nun mit Clean Planet zusammenarbeiten, um die Technologien für saubere Energien umzu-

setzen, welche Clean Planet gemeinsam mit der Tōhoku University entwickelt hat, um eine dekarbonisierte Gesellschaft zu realisieren. Die „New Hydrogen Energy" von Clean Planet wird allen Aspekten des Lebens und der Industrie der globalen Gemeinschaft zugutekommen.

Anfragen:
Miura Co., Ltd., Markenplanungsbüro
TEL.: +81-(0)89-979-7019, FAX: +81-(0)89-979-7126
E-Mail: burandokikakushitsu et miuraz.co.jp
Clean Planet Inc.
TEL.: +81-(0)3-5403-6380
E-Mail: pr et cleanplanet.co.jp

Miura ist ein großes börsennotiertes Unternehmen mit mehreren tausend Beschäftigten. Aus dieser Kooperation könnte sich für die LENR-Technologie der Weg in den Markt ergeben.

Hier ein weiterer Artikel **(Link 23)** aus Japan: Das Journal der japanischen physikalischen Gesellschaft berichtete 2017 mit folgender Überschrift: *„Nukleare Fusion durch Gittereinschließung". „Es gibt riesige Fortschritte bei der Erforschung möglicher Fusionsprozesse in Metallen. Diese Fortschritte könnten darauf hindeuten, dass diese sich in lokalen Clustern mit hoher Energiedichte in Festkörpern abspielen."*

Eine weitere Veröffentlichung aus Japan: **Link 27**
Vordruck J. Kondensierte Materie Nucl. Sci. 25 (2017)

Beobachtung des Wärmeüberschusses von aktiviertem Metall und Deuteriumgas
Tadahiko Mizuno, Hydrogen Engineering Application & Development Company, Kita 12 Nishi 4, Kita-ku, Sapporo 001-0012, Japan

ABSTRACT (Zusammenfassung) Es gibt immer mehr Berichte über wärmeerzeugende Kalte Fusionsreaktionen im Nickel-Wasserstoff-System. Die Reaktionen betreffen hauptsächlich Nickel mit anderen Zusatzelementen. Die Autoren dieser Berichte betonten die Bedeutung eines extrem sauberen Systems bei den elektrolytischen Tests, bei denen überschüssige Wärme erzeugt wurde. Daher versuchten wir, die überschüssige Wärme nach der Reduzierung der Verunreinigungen auf ein Minimum zu ermitteln, indem wir die Elektrode sorgfältig reinigten und dann in unserem Testsystem in situ Nanopartikel herstellten, ohne sie jemals der Luft auszusetzen. Auf diese Weise wurde kontinuierlich eine Energie erzielt, die die zugeführte Energie weit übersteigt. Bei den besten bisher erzielten Ergebnissen ist die thermische Ausgangsenergie doppelt so hoch wie die elektrische Eingangsenergie und beträgt mehrere hundert Watt. Die erzeugte thermische Energie folgt einer exponentiellen Temperaturfunktion. Wenn die Reaktortemperatur 300 °C beträgt, beträgt die erzeugte Energie 1 kW. Es wird erwartet, dass eine Erhöhung der Temperatur die Ausgangsenergie stark erhöht. Wir haben kürzlich die Vorbereitung des Elektrodenmaterials verbessert. Dies verbesserte die Reproduzierbarkeit und erhöhte die überschüssige Wärme. Die neuen Methoden werden in einem Anhang beschrieben.

Noch eine Veröffentlichung aus Japan/USA von 2019: **Link 35**

Erhöhte Überschusswärme von auf Nickel abgeschiedenem Palladium

Tadahiko Mizuno, Wasserstofftechnik-Anwendungs- und Entwicklungsgesellschaft, Kita 12, Nishi 4, Kita-ku, Sapporo 001-0012, Japan head-mizuno et lake. ocn.ne.jp, Jed Rothwell
LENR-CANR.org, 1954 Airport Road, Suite 204, Chamblee, GA 30341, U.S.A. Korrespondierender Autor: JedRothwel et gmail.com

*Kurzfassung. Wir haben ein verbessertes Verfahren zur Erzeugung überschüssiger Wärme mit einem mit Palladium beschichteten Nickelgeflecht entwickelt. Die neue Methode erzeugt eine höhere Leistung, ein größeres Verhältnis von Ausstoß zu Input und lässt sich effektiv steuern. Mit 50 W Input erzeugt sie ~250 W überschüssige Wärme, und mit **300 W erzeugt sie ~2 bis 3 kW.***

Dieses Papier ist eine umfassende Beschreibung der Apparatur, des Reaktanten und der Methode. Wir hoffen, dass dieses Papier es anderen ermöglicht, das Experiment zu wiederholen.

LENR in China

In China spielt sich die LENR-Forschung unter dem direkten Einfluss des Militärs ab. Ich erinnere mich an Forscher, die in der Uniform des Militärs auftraten. Einen ersten Hinweis über LENR in China habe ich im „LENR-Forum" gefunden. Es handelt sich um eine holprige Übersetzung aus dem Chinesischen und wiederum holprige Übersetzung in Deutsche. Ich habe den Text so belassen: *Der Kernphysiker Professor Lin Xidan gibt seine Patente zur Kalten Fusion bekannt, Quelle: Kommentare des chinesischen Patentamtes: Professor Lin Xidan für unseren Nuklearphysikexperten, Professor der Technischen Universität Shenyang, Tutor des Master of PLA University, der Generalstab von Shenyang Postdoc-Mentor, 29. Juli China Patent offenbart eines seiner Patente zur Kalten Fusion. Technology Digest News veröffentlichte im März 2014 einen Artikel über meinen Kernphysiker Forest Creek Stein einen Artikel genannt: T-Teilchen der geheimen Forschung zur Erforschung der Fusion bei Raumtemperatur. Professor Lin beschreibt ein Experiment: Vor ein paar Jahren hatte er zufällig ein seltsames Phänomen entdeckt, das heißt, die entsprechende Konzentration des Wassers in das elektrische Feld Bestrahlung bestimmter Frequenz wird Wärme erzeugen. Mit einem scharfen wissenschaftlichen Verstand erkannte er sofort, dass es sich hierbei wahrscheinlich um ein neues physikalisches Phänomen handelt, und fasste sofort den Entschluss, die Bestandteile dieses Eimers Meerwasser zu identifizieren. Doch das erste wichtige Ergebnis dieser von einem Assistenten geleisteten Arbeit, so wenig Fortschritt in zwei Jahren. Professor Lin Xidan beschloss, sich daran zu beteiligen, er verwendet zunächst die Elektro-Osmose Hsi-Gesetz, der Hauptbestandteil in frischem Meerwasser getrennt, und dann wird das Wasser durch Destillation in einem größeren Anteil von Salzen und Natrium-Ionen, Magnesium-Ionen, etc. entfernt, und der Rest Dope aktive Partikel gefunden ganz unbekannte Zusammensetzung. Professor Lin nannte diese Partikel versuchsweise T-Partikel. Lin und das Forschungsteam, dass diese abnorme Wärme aus Kalter Fusion, er 29. April dieses Jahres an das chinesische Patentamt, um für ein Programm namens: Kalte Fusions-Reaktion patentierte Gerät zu beantragen. Derzeit hat die Öffentlichkeit auf eine erneute Prüfung des Patents gewartet, wenn bestanden, wird die erste Kalte Fusion Technologie Patente in China sein.*

Es scheint aber so, dass die chinesischen Behörden Interesse an der Technologie gefunden haben, denn es erschien ein Artikel **(Link 20)** mit folgender Überschrift:

Zusammenfassung der Forschungsergebnisse der Experimente zu anomaler Wärmeerzeugung in Nickel-Wasserstoff-Systemen, Songsheng Jiang, Chinesisches Institut für Atomenergie

Kurzfassung. Dieses Papier fasst einige erfolgreiche Experimente zusammen, bei denen überschüssige Wärme in Nickel-Wasserstoff-Systemen erzeugt wurde. Die Experimente wurden in verschiedenen Laboratorien durchgeführt unter Verwendung verschiedener experimenteller Geräte und Techniken in Italien, USA, Russland und China. Bei den Experimenten war der Brennstoff eine Mischung aus Nickelpulver und Lithium-Aluminiumhydrid.

Es folgt eine sehr umfangreiche Übersicht über die Forschungsaktivitäten weltweit, in deren Mittelpunkt die E-Cat-Technologie von Dr. Andrea Rossi steht. Allerdings ist hier nicht der aktuelle Stand der Rossi-Forschungen wiedergeben. Das LENR in China noch keine größeren Aufgaben übernehmen kann, sieht man an dem chinesischen Beschluss, Kleinkraftwerke nach dem System der Kern**spaltung** in Serie herzustellen

Kalte Kernfusion in Russland

Man könnte vermuten, Russland wäre an einer Förderung der Kalten Fusion weniger interessiert, weil die KF ja letztendlich ein Gegenspieler der Karbon-Industrie ist. Aber das ist nicht so. Russland ist ein großer Förderer jeglicher Nuklearenergie und hat erst neulich ein schwimmendes Atomkraftwerk vorgestellt. Die Atom-U-Boote gibt es seit Jahrzehnten und ein neuer Atom-Eisbrecher wurde kürzlich in Dienst gestellt.

Prof. Alexander Parkhomov hat sich in der LENR-Szene einen Namen gemacht, weil er gleich mehrfach den E-Cat von Andrea Rossi replizierte. Durch die „russische Sprachbarriere" habe ich nur wenige persönliche Daten. Er arbeitet als Professor an der staatlichen Lomonosov Universität. Seine Forschungsgebiete sind Nuklearphysik und Experimentalphysik. Er scheint mittlerweile pensioniert zu sein. Auf „ResearchGate" hat er 21 Publikationen. Eine davon ist „Nickel-Hydrogen Reaktoren, Generierung von Hitze, Isotopen und Elemente-Komposition der Füllung". 2018 gab es eine weitere E-Cat-Replikation durch Parkhomov. Er erklärte sie in einer russischsprachigen Video-Präsentation. Aus den Folien war aber doch einiges zu ersehen, weil sie teilweise in Englisch verfasst waren. Meine Übersetzungen sind teilweise sinngemäß: „Nickel-Hydrogen Reaktor arbeitete kontinuierlich sieben Monate". (Die Überschuss-Energie betrug bis zu einem kW.) „Optimierung der Konstruktion, Applikation mehr wärmebeständiger Konstruktionsmaterialien und zuverlässige Versiegelung erlaubten eine siebenmonatige Dauer des Betriebes. Die Überschussenergie des Nickel-Hydrogen-Systems betrug bis zu 1 kW, der COP bis 3,6. 1g Nickel erzeugte eine Überschussenergie von ungefähr 4100 MJ. Derartige Energie erzielt man durch die Verbrennung von 100 Litern Ölprodukten. Während des Betriebes wurden in dem Nickel-Hydrogen-System Veränderungen in der Komposition der Elemente gefunden. Speziell der Kalzium-Anteil zeigte einen Anstieg. Isotopenveränderungen im Nickel waren nicht signifikant."

Zuvor gab es 2016 einen Artikel mehrerer russischer Wissenschaftler über den E-Cat; leider ist der Original-Link nicht mehr aktiv, aber ich hatte mir einige Notizen gemacht: „Der rätselhafte E-Cat von Andrea Rossi und die universelle Quanten-Theorie" heißt eine Ausarbeitung der folgenden Autoren: Leo G. Sapogin, Abteilung für Physik der technischen Universität Moskau, V. A. Dzhanibekov, Abteilung für Kosmophysik, staatliche Universität

Tomsk, Yu. A. Ryabov, Abteilung für Mathematik der technischen Universität Moskau.

Hier eine Kurzfassung: *„In diesem Artikel diskutieren wir die Natur und den Mechanismus der riesigen Hitzegenerierung in der Megawatt-Anlage von Andrea Rossi, welche in der Lage ist, die Energiegewinnung unserer Zivilisation allgemein zu verändern. Diese Prozesse sind neue Effekte einer universellen Quantentheorie und haben nichts mit chemischen oder nuklearen Reaktionen oder Phasentransfer zu tun"*. Dann gab es einen weiteren Artikel in einer russischen Fachzeitschrift, leider komplett auf russisch, die ich seinerzeit wohl per Translater übersetzt habe. Hier der Text:

„Die Revolution ist nah: Die Kernfusion wird Realität". „Wenn das geschieht, folgt eine weltweite Energierevolution, einschließlich sozialer und politischer Auswirkungen. Eine unglaublich optimistische Voraussage für die nahe Zukunft macht das Portal ‚Gute Neuigkeiten für Russland'. Aber dies gilt nicht nur für unser Land, sondern auch für den Rest der Welt. Revolutionen gibt es sozio-politisch wie auch wissenschaftlich-technisch. Die Energierevolution ist wissenschaftlich und technologisch begründet." Der Artikel beleuchtet dann die verschiedenen Energiearten und kommt auf die Gefahren der Kernspaltung zu sprechen. Obwohl man der neuen Kernspaltungstechnik vertraue, möchte man doch nicht in deren Nachbarschaft wohnen. Solarenergie wertet man als zu teuer, Windenergie als nicht ausreichend preiswert und stabil. Weiter kommt der Artikel auf die Versuchsanlagen der Heißen Fusion zu sprechen, die allerdings keine Erfolge vorweisen können. Dann kommt der Artikel zu LENR. Er sagt: *„Für lange Zeit nahm die akademische Wissenschaft die Möglichkeit einer nuklearen Fusion unterhalb des Hochtemperatur-Plasmas nicht zur Kenntnis. Wissenschaftler, die sich mit LENR beschäftigten, wurden von der akademischen Gemeinschaft belächelt, einige wurden sogar aus ihren bisherigen Institutionen ‚entfernt'. In den vergangenen Jahren wurden eine Reihe von Experimenten der ‚warmen' Synthese (Anmerkung: ein neuer Begriff) allerdings wiederholt, und zwar von verschiedenen Forschergruppen. Außerdem wurden verschiedene Theorien entwickelt, wie in diesem Prozess die Coulomb-Barriere überwunden werden kann. Eine allgemein anerkannte Theorie gibt es bisher allerdings nicht. Aber das Wichtigste ist bereits geschehen: Experimentelle Reaktoren wurden hergestellt, die Forscher erreichten einen stabilen reproduzierbaren Effekt und eine Energieproduktion, die das Ergebnis moderner nuklearer Anlagen übersteigt. Bisher gibt es entsprechende Forschungen mit positiven Ergebnissen in Russland, Japan Italien und den USA. Es ist besonders wichtig, dass derartige Effekte von Wissenschaftlern in China reproduziert wurden. Und wenn in*

China etwas reproduziert wurde, kann man mit einer Industrialisierung der Produkte rechnen. Die Welt steht am Rande einer Energierevolution, die nicht mehr aufzuhalten ist. Man muss die Folgen dieser Energierevolution hoch einschätzen, denn sie wirkt sich auf alles aus, sie liegt praktisch im Herzen aller Dinge: der Produktion, dem Transport, dem Gesundheitswesen – sie ist die Basis der gesamten Ökonomie. Daher – der Energierevolution werden andere Revolutionen folgen, auch auf sozio-politischer Ebene." (Den Namen des russischen Autors konnte ich leider nicht ersehen.)

Mehrere russische Wissenschaftler befinden sich in einem regen und regelmäßigen Gedankenaustausch mit Andrea Rossi im Rahmen seines Blogs. Eng mit der russischen LENR-Forschung ist auch der ukrainische Physiker und Mathematiker Vladimir Vysottsky verbunden. Er schreibt über Rossi:

„Ich möchte Rossi in seinem Kampf gegen XXX unterstützen. Er hat einen ‚unüblichen' Charakter und eine komplexe Biographie. Aber in der jetzigen Situation spielt das keine Rolle. – Ich habe bereits darüber geschrieben und glaube auch daran, dass wir – die LENR-Gemeinschaft – Rossi sehr dankbar sein sollten. Er alleine hat einen bemerkenswerten Teil der Arbeit getan. Er alleine hat die Mauer der Schikane durchbrochen und den ganzen Schmutz ertragen, der in der schlimmen Tradi-

tion der Inquisition über ihn kam. Er gab LENR neuen Antrieb und nun ist diese Wissenschaft nicht mehr im Untergrund. Man kann sich lange über die verschiedenen Messmethoden unterhalten, mit denen der Wasserdurchfluss und die Temperatur analysiert wurden. Der Lugano-Report und zum Teil auch die Experimente von Parkhomov haben gezeigt – es funktioniert! Wir müssen die Arbeit fortsetzen – der Geist ist aus der Flasche und kann nicht wieder hineingesteckt werden!

Alle diese Attacken mancher Geschäftsleute und deren bezahlter Journalisten auf Rossi sind Mückenstiche; ihre Hoffnung, entweder Geld zu sparen oder uns in das Öl- und Gaszeitalter zurückzuwerfen, werden scheitern."

Tatsächlich ist es so, dass Andrea Rossi in Russland, China und Japan in der LENR-Forschung den Ruf eines bewundernswerten Wegbereiters einnimmt. In der westlichen Welt ist das anders. Hier ist einerseits der Gegenwind der „Trolle" (von wem auch immer sie finanziert werden) viel grösser und, nicht zu vergessen, das Beharrungsvermögen der Physik auf alten Mustern ist kaum zu erschüttern. Allein die erregte Diskussion darüber, ob die Fusion in den kleinen LENR-Reaktoren „Heiß" oder „Kalt" ist zeigt, dass man den „Wald vor Bäumen nicht sieht". Oder wie Rossi sagt: „sie sitzen wie Frösche in einem Teich und sehen den Ozean nicht."

Hier nun noch ein Artikel aus der russischen Zeitschrift „Pro Atom" (**Link 34**), in russischer Sprache), den ich auch deswegen gerne veröffentliche, weil sich der Autor zum Schluss des Artikels bei mir bedankt hat. Er beschreibt (teilweise schon erwähnte) Vorgänge in den USA aus russischer Sicht: (Die Textauszüge sind mit einem Translater übersetzt)

Vitaly Uzikov ist Leitender Prozeßingenieur der SSC RIAR. Die Abkürzung heißt: Aktiengesellschaft „Staatliches Wissenschaftszentrum – Forschungsinstitut für Atom-Reaktoren". Uzikov hat in ProAtom einen ausgezeichneten Aufsatz darüber geschrieben, mit welchen Mitteln in den USA versucht wurde, LENR aus dem Rennen zu werfen.

„Bahnbrechende Energietechnologien" Datum: 20.06.2018 Thema: Alternative Energiequellen. Zunächst eine kleine Geschichte aus der Zeit von März 2012 – aus Material von der New Energy Times-Website [1]: „Das Navy Command schließt die LENR-Forschung bei SPAWAR. Nach 23-jähriger Arbeit wurden Forscher in der Kommandozentrale für Weltraum- und Marineinfos der Marine (Space Warfare Systems SPAWAR) in San Diego, Kalifornien, angewiesen, die Forschung im Bereich der Kernkraft mit niedriger Energie einzustellen. Am 9. November 2011 bestellte Konteradmiral Patrick Brady, Kommandant von SPAWAR, die SPAWAR-Forscher

dazu, alle LENR-Forschungen einzustellen. Der Auftrag kam sieben Tage nachdem Fox News am 28. Oktober 2011 eine Geschichte über Andrea Rossi veröffentlicht hatte, der von einer Demonstration seines Energy Catalyzer (E-Cat) berichtete. New Energy Times hat dies am 9. November mit Fox News diskutiert. Fox-Mitarbeiter John Brandon schrieb, dass ein SPAWAR-Vertreter bei der Demonstration anwesend war, den Test maß und überprüfte. Brandon schrieb auch, dass SPAWAR ein Kunde gewesen sein könnte, dem Rossi am 28. Oktober 2011 sein 1-Megawatt-Gerät verkauft hat – das gleiche Gerät steht noch im Januar in Rossis Garage. Nach Quellen, die mit den Anweisungen des Kommandanten vertraut waren, aber nicht autorisiert waren, sie zu diskutieren, gab Brady den SPAWAR-Forschern folgende Anweisungen:

1. *Stoppen Sie sofort alle LENR-Forschung in SPAWAR.*
2. *Geben Sie ungenutzte Mittel an die LENR-Studie zurück.*
3. *Ablehnen von anhängigen LENR-Forschungsvorschlägen.*
4. *Veröffentlichen Sie keine weiteren wissenschaftlichen Artikel zur LENR-Forschung."*

Manchmal entsteht der seltsame Eindruck, dass der 4. Absatz der Anordnung des Konteradmirals bezüglich des Verbots von Veröffentlichungen zu LENR-Studien später nicht nur von Mitarbeitern des SPAWAR-Forschungszentrums, sondern auch von den größten Medien der Welt, einschließlich der russischen, durchgeführt wurde. Es macht keinen Sinn, die Entstehungsgeschichte des Konzepts der „Niedrigenergie-Kernreaktion – LENR" und die damit verbundenen heißen Dispute und Vorwürfe der Pseudowissenschaft zu wiederholen – die Zeit stellt alles an ihre Stelle. Und es ist nicht mehr möglich, die wachsende Welle experimenteller Beweise zu verwerfen, die von der „offiziellen Wissenschaft" **akribisch unbemerkt geblieben sind** *und das Bild der Welt in verschiedenen Bereichen radikal verändert haben – von der Energie zur Biologie.*

Man kann davon ausgehen, dass die Verwendung des Begriffs „LENR" für beobachtbare Phänomene im Konzept der Kernreaktionen, die die meisten Physiker von Coulomb-Barrieren und von Interaktionsmodellen in atomaren Gittern zu sprechen pflegen, nicht ganz erfolgreich ist. Rossi hat immer darauf hingewiesen, dass der sogenannte „Rossi-Effekt" keine „Kalte Fusion" ist. Es ist bereits offensichtlich, dass zur Erklärung obskurer beobachtbarer Prozesse, die beispielsweise in biologischen Systemen (V. Vysotskii und A. Kornilova) auftreten, elektrolytische Zellen (M. Fleischmann und S. Pons) oder in einem Energiekatalysator (A. Rossi) benötigt werden völlig neue theoretische Ansätze, anstatt vereinfachte

Schemata der Struktur des Atomkerns und der atomaren Gitter. Aber bis jetzt macht es Sinn, nur über die eigentlichen Phänomene selbst und über die Möglichkeit ihrer praktischen Anwendung zu sprechen, ohne theoretische Streitigkeiten zu auszufechten, von denen nicht bekannt ist, wenn sie zu befriedigenden Ergebnissen führen, die mit der ganzen Bandbreite experimenteller Beobachtungen übereinstimmen – vielleicht bald und vielleicht auch nicht. Schließlich haben die Menschen Tausende Jahre lang Feuer gebraucht, ohne die Theorie eines so komplexen physikalisch-chemischen Prozesses wie des Brennens zu kennen, und es kann notwendig sein, diesem Beispiel für einige Zeit zu folgen und in der Praxis die theoretisch unerklärten Prozesse anzuwenden, die bisher LENR genannt werden. Die 21. Konferenz der ICCF „coldfusion", die in Fort Collins, Colorado, stattfand, versammelte 171 Teilnehmer aus verschiedenen Ländern und zeigte signifikante Ergebnisse sowohl in experimentellen Studien auf diesem Gebiet als auch in Versuchen, das Beobachtete theoretisch zu erklären Phänomene. Denjenigen, die sich für den inhaltlichen Teil der Präsentationen dieser Konferenz interessieren, kann angeboten werden, sich mit ihren Thesen durch Bezugnahme [2] oder mit Notizen im Blog von Konferenzteilnehmer Jean-Paul Biberian [3] vertraut zu machen. Vitaly Uzikov

Zum Schluß des Textes habe ich unter P.S. eine lobende Erwähnung gefunden: *„PS: Ein besonde-*

rer Dank gilt der Aufbereitung des Materials, den ich an Willi Meinders ausspreche, der mit deutscher Gründlichkeit und Genauigkeit die neuesten und interessantesten LENR-Nachrichten auf seiner sehr interessanten Website sammelt und analysiert."

Die Kalte Fusion und die Finanzwelt

Schon zu der Zeit, als LENR die ersten Schritte an die Öffentlichkeit machte, wurde der größte Vermögensverwalter der Welt, BlackRock, auf LENR aufmerksam. Sie finden hier (**Link 21**) ein Rundschreiben von BlackRock an seine Kunden. Auf Seite 11 findet sich ein kleiner Absatz:

„We are closely following start-ups experimenting with new technologies such as low-energy Nuclear Reaction and fusion. If successful, these efforts could completely change the current status quo and hurt traditional energy producers. It is worth watching this space. People tend to overestimate what can be done in a year, but underestimate what can happen in a decade." Übersetzung: „Wir beobachten intensiv ‚start-ups' (neu gegründete Unternehmen), die mit neuen Technologien, wie der Niedrig-Energie Nuklear-Reaktion und -Fusion experimentieren. Wenn das erfolgreich ist, werden diese Bemühungen den Status-quo komplett verändern und die traditionellen Energie-Produzenten schädigen. Menschen neigen dazu, zu überschätzen, was sich innerhalb eines Jahres tun kann, aber unterschätzen, was innerhalb einer Dekade passieren kann." Diese Aussage von BlackRock ist geradezu prophetisch: Ich werde immer wieder

gefragt „Wann kann man denn die Geräte endlich kaufen?" – so als wenn Apple ein dringend erwartetes neues iPhone angekündigt hätte. Dabei wird die Komplexität und Tragweite der LENR-Technologie völlig unterschätzt. Bei der Einführung der Kalten Fusion geht es nicht um die Neuerscheinung eines Gerätes, sondern um einen längerfristigen, **tiefgreifenden Prozess von historischer Dimension**. Setzt sie sich durch, sind alle Energie- und Umweltsorgen vergessen. Bei den Nickel-Hydrogen-Systemen wäre die Rohstoffversorgung mit einem Prozent der heutigen Nickelproduktion gesichert. Und selbst dieses Nickel wäre nicht verbraucht, sondern hätte lediglich seine atomare Komposition verändert. Zur Erinnerung: Verbraucht wird nur die sog. Bindungsenergie, die unter einem Prozent der Masse beträgt. Der Wohlstand der Bevölkerung würde massiv steigen, Kriege um Karbon- Rohstoffe wären unnötig. Und: Die Wüsten könnten erblühen, weil die für die Umwandlung von Salzwasser in Süßwasser nötige Energie plötzlich erschwinglich wäre. Mir geht es darum, in der Bevölkerung und in der Öffentlichkeit Aufmerksamkeit für diese bahnbrechende Technologie zu erzeugen. Fehlt die Unterstützung der Bevölkerung, fehlt auch der Druck auf die Politik. – Am Ende dieses Prozesses steht natürlich die Produktion und die Inbetriebnahme von LENR-Geräten. Zum Glück hat sich die Zähigkeit der LENR-Gemeinde ausgezahlt und weltweit schwenkt die Politik auf LENR ein. Die Rolle Deutschlands in dieser Entwicklung sieht eher schwach aus. Unter den Referenten der jährlichen LENR-Konferenzen habe ich nie einen deutschen Referenten entdecken können und bei den neu aufgelegten Projekten der EU gibt es keine deutsche Projektleitung, obwohl Deutschland doch ohne Zweifel das höchste wissenschaftlich-technische Potential der beteiligten Länder hat.

2017 gab es eine Presseerklärung der Technologiebörse „Nasdaq". Vielleicht erinnern Sie sich: langjähriger Chef der Börse war „Bernie" Madoff, der als größter Anlagebetrüger in die Geschichte einging. Der von ihm angerichtete Gesamtschaden betrug 65 Milliarden Dollar. Der Link ist leider erloschen, aber ich hatte den Artikel auszugsweise übersetzt:

„ECat.com kündigt eine Live-Video-Demonstration des eCat QX für den 24. November 12 Uhr an.
MIAMI, Fl./ACCESSWIRE/16. November 2017/
Rossi's E-Cat and Big Oil (Mason Ainsworth)
Nach holprigem Beginn im Jahre 1991 hat die Leonardo Corporation viel Zeit, Energie und Forschungsmittel verbraucht und in seine Suche nach alternativer Energie

investiert. Ihre Marke eCat QX wurde entwickelt, um die Art und Weise neu zu definieren, wie mit Hilfe von LENR und Nickel-Hydrogen-Systemen Hitze für industrielle Anwendungen und die Entwicklung von Kraftwerken angewendet werden kann. Das Jahr 2017 zeigt den Durchbruch in ihrer exklusiven Entwicklung der LENR-Technologie, auch als Kalte Fusion bekannt. Gründer und Geschäftsführer, Andrea Rossi sieht der geplanten Demonstration mit Zuversicht entgegen, wo er weitere Details der letzten Innovationen zeigen wird. Die wirklich erstaunlichen Eigenschaften der E-Cat Technologie-Systeme wird exklusiv einem Kreis von 70 Teilnehmern vorgestellt, einschließlich einiger offizieller Vertreter der Regierung. Sie werden teilnehmen, um Zeuge zu werden, auf welchen Wegen die Kommerzialisierung der Low Energy Nuclear Reaction oder Kalter Fusion grundlegenden Einfluss auf verschiedene Wirtschaftsbereiche haben wird. Diese Demonstration wird diesem kleinen Kreis aus erster Hand die neue revolutionäre Energiequelle – LENR – zeigen, deren Erfolg immer noch nicht unwiderlegbar bewiesen ist. Die Nutzung des e-Cat QX könnte großen Einfluss auf die Produktion von Elektrizität, hier in den USA und überall auf der Welt haben und auch einen Paradigmenwechsel bei der Produktion von wirtschaftlich nutzbarer Hitze herbeiführen. Andrea Rossi hat mit seiner fusionsbasierten sauberen Energiequelle bestätigt, bei der Vorbereitung des e-Cat QX Sigma 5 erreicht zu haben." (Anmerkung: Sigma 1 bedeutet 3,4 Fehler bei einer Million Fehlermöglichkeiten) *„Die Leonardo-Corporation hat mit der Entwicklung der LENR-Technologie Monumentales vollbracht und kann die Fusion Realität werden lassen und damit eine wirklich erneuerbare Energiequelle, die allen anderen überlegen ist. Die Live-Demonstration ist nur für geladene Gäste zugänglich mit einem Video-Streaming am 24.11. um 12 Uhr."*

Eine Anmerkung zum Text: Der Autor spricht von einer Energie, „deren Erfolg noch immer nicht unwiderlegbar bewiesen ist." Das ist natürlich Unfug: Die Kalte Fusion/LENR funktioniert seit langem, die erzielte Überschussenergie ist vielfach mit anerkannten wissenschaftlichen Methoden gemessen worden. Mit „noch nicht unwiderlegbar bewiesen" meint der Autor, dass die Wissenschaft noch keine eindeutige Erklärung für das „Phänomen" gefunden hat.

Die E-Cat-Demonstration fand in Stockholm statt. Alle Dokumente, Videos, Gutachten u. dergleichen mehr findet man auf der E-Cat-Webseite „Ecat.com". Interessant ist, dass bei der Demonstration ein Vertreter der Raffinerie-Industrie neben Rossi am Tisch saß. William S. Hurley ist ein Vertreter der Kraftwerks- und Raffineriebranche. – Zu dieser Firma gehört er: Andeavor ist in San Antonio,

Texas ansässig. 2013 hatte man einen Umsatz von 37 Mrd. $, bei weltweit 13000 Beschäftigten. Andeavor ist ein unabhängiges Raffinerieunternehmen, mit zehn Ölraffinerien und 3000 Tankstellen. – Das man sich für Rossis Technologie interessiert, hängt damit zusammen, dass Raffinerien zwar ein energiereiches Produkt verarbeiten, aber selbst einen hohen Energieverbrauch haben, speziell auch in Form von Hitze. Der Einsatz von E-Cats könnte diese Kosten entscheidend senken und Andeavor damit einen Vorsprung vor der Konkurrenz verschaffen. (Im Oktober 2018 wurde Andeavor für 23 Milliarden US-Dollar durch Marathon Petroleum aufgekauft.) Ainsworth ist der Ansicht, dass die Erhöhung des COP von **80 auf 500** den Druck entscheidend erhöht hat, die Implementation von LENR zu stützen. Er sagt: „*Rossis Zusammenarbeit mit Repräsentanten der Ölindustrie zeigt den simplen, nicht zur Kenntnis genommenen Fakt, dass ‚Big Oil' nun plant, organisiert und agiert im Lichte der Erkenntnis, dass der globale Bedarf voraussehbar zurückgeht.*" „*In diesem Zusammenhang geht es offensichtlich darum, die heimische US-Ölindustrie vor ausländischer Konkurrenz zu schützen – nämlich durch niedrige Raffineriekosten.*"

Mini-Reaktoren der Kernspaltung auch in den USA

Ich hatte darüber berichtet, dass in China Kleinreaktoren nach dem System der Kernspaltung in großer Zahl hergestellt werden. Gleiches geschieht auch in den USA. Ich zitiere aus einem Aufsatz (**Link 24**) *„Der Bedarf an elektrischer Energie schreitet bei den Streitkräften stetig voran: Immer mehr Computer und Datenverkehr, immer mehr Radargeräte etc. und neuerdings sogar Laser-Waffen. Hinzu kommen – zumindest beim US-Militär – bedeutende strategische Verschiebungen hin zu einer Konfrontation mit China und Russland. Bei diesen Gegnern hat man es weniger mit Kalaschnikows und ‚Panzerfäusten', sondern mit präzisen Mittelstreckenraketen, einer funktionstüchtigen Luftabwehr und elektronischer Kriegsführung zu tun. Das alles vor allem in den Weiten des Pazifiks – für Amerikaner tauchen dabei sofort die Traumata von Pearl Harbor, den Philippinen und dem blutigen ‚Inselhopping' auf dem Weg nach Japan auf. In einer breiten Allianz zwischen den Parteien des Kongresses und dem Senat ist bereits der Umbau der Teilstreitkräfte eingeleitet worden. An dieser Stelle kommt die Kernenergie mit riesigen Schritten ins Laufen. – Die Rolle der Stützpunkte (Flugbasen, Häfen etc.) haben den Bedarf von Kleinstädten an elektrischer Energie und Wärme. Sie müssen auch und gerade* im Krieg sicher versorgt werden. Um welche finanzielle Größenordnung es sich dabei dreht, sieht man an den Energiekosten von 3,4 Milliarden US$ des US-Militärs (Fiskaljahr 2018) für seine 585 000 Einrichtungen und seine 160 000 Unterstützungsfahrzeuge. Damit im Kriegsfall diese Einrichtungen und die kämpfende Truppe sicher versorgt werden können, ist ein erheblicher logistischer Aufwand nötig. Nicht nur das, in den neun Jahren des Irak- und Afghanistan-Krieges sind 52 % aller Opfer (18 700 Kriegsopfer) bei den Versorgungsfahrten eingetreten. Eine typische vorgeschobene Basis mit einer Grundlast von 13 MWel (el = elektrische Leistung) benötigt 16 000 Gallonen Diesel täglich. Das entspricht allein etwa sieben Tankwagen. In den Weiten des Pazifiks ist dies unter feindlichen U-Booten und dem Beschuss durch Präzisionsmunition kaum zu leisten. Hier kommt die Idee des Einsatzes von Kernreaktoren. Durchaus keine neue Idee, aber mit neuer Technologie und neuen Randbedingungen. Wie gewaltig die Stückzahlen sind, ergibt eine Studie der US-Army. Man hat zahlreiche Stützpunkte untersucht und kommt zum Schluss, dass man etwa 35 bis 105 Reaktoren mit einer elektrischen Leistung von 10 MWel und 61 bis 108 Reaktoren mit 5 MWel benötigt. Parallel hat das DOD ('Verteidigungsministerium') eine Untersuchung der Einrichtungen 'in der Heimat' (continental United States – CONUS) durchgeführt. Es kommt zum Schluss: es sind 500 (!) Mini-Reak-

toren sinnvoll. Abgesehen von den Einrichtungen in abgelegenen Regionen werden die meisten Anlagen aus den öffentlichen Netzen versorgt. Man ist aber besorgt, dass die öffentlichen Netze immer anfälliger werden (Naturkatastrophen, Wind und Sonne etc.) Versorgungssicherheit ist aber für eine moderne Armee mit Radaranlagen, Raketenabwehr und totalem Kommunikationsanspruch überlebenswichtig. Im zweiten Weltkrieg konnte man notfalls einen Flugplatz noch mit Petroleumlampen betreiben – eine Abwehr von Interkontinentalraketen ohne Strom für das Rechenzentrum und das Phasenradar ist so wertvoll wie eine Steinaxt."

Wohlgemerkt: Es geht offensichtlich um Kern**spaltung** mit all ihren Gefahren und der bekannten Entsorgungsproblematik. – Dies ist ein weltweiter Trend: Bei der Kernspaltung schreitet man munter voran, bei der Kalten Kernfusion ist man weiter zögerlich.

Wikipedia – Lügen mit System

„Wie können Sie so etwas schreiben!" … schallt es mir vielleicht als Vorwurf entgegen. Nein, nein – diese Überschrift stammt gar nicht von mir, sie stammt aus der „Welt". Dort heißt es weiter: „Wikipedia ist das Universalmedium für alle, die Antworten suchen. Die vermeintlich neutrale Webseite prägt unsere Sicht auf die Welt. Doch die Texte dort sind oft das Werk von Manipulatoren, Aktivisten, Lügnern. Und das Problem wird immer größer." Außerdem schrieb die Welt: „Um die Faktenlage bei Wikipedia steht es schlimmer als gedacht." – Der Tagesspiegel schrieb: „Wikipedia – Fälschungen im Beitrag zu Claas Relotius" und Fokus schrieb: „Schmutzige Tricks im SPD-Wahlkampf: Wikipedia-Einträge der Kandidaten manipuliert". Hier noch ein Schlaglicht auf die Glaubwürdigkeit mancher Wikipedia-Autoren. Heute, im Dezember 2020 schreibt Wikipedia über Fleischmann & Pons: *„Die Labor-Ergebnisse von Pons und Fleischmann konnten jedoch nicht durch unabhängige Dritte bestätigt werden. Eine vom Energieministerium der Vereinigten Staaten eingesetzte Kommission kam zum Ergebnis, dass es sich um pathologische Wissenschaft handle. Als Konsequenz gehen die* *meisten Wissenschaftler davon aus, dass eine Kernreaktion mit nennenswerter Energiefreisetzung auf diese Weise nicht eingeleitet werden kann.*" Solch einen Unsinn schreibt Wikipedia heute, nachdem die Richtigkeit der Beobachtungen von F&P hundertfach bewiesen ist und die EU sich mit ihrem Forschungsprogramm ausdrücklich auf den „F&P-Effekt" bezieht.

Man muss wissen, wie Wikipedia funktioniert. Es gibt keine neutrale Stelle, die alle Beiträge objektiv beurteilt. Bei der Fülle der Meldungen ist das auch gar nicht möglich. Es ergeben sich in den verschiedenen Ländern Netzwerke von Know-how-Trägern, oder von solchen die sich dafür halten. Einmal etabliert, sind sie kaum noch zu verändern. Eines darf dabei nicht unerwähnt bleiben: Ein kleiner Kreis skrupelloser Fälscher beschädigt den Ruf einer im Grunde fantastischen Einrichtung und entwertet damit die Einträge tausender ehrlicher Autoren. Als ich in dem Wikipedia-Beitrag über Andrea Rossi anfragte, warum dort zwar die Ablehnung des Patentes erwähnt wurde, aber nicht die Erteilung, kam die Antwort: „Die Ablehnung eines Patents ist ein viel gravierenderer Vorgang als die Erteilung." – Ein Brieffreund ist mit dem Wikipedia-Mechanismus vertrauter als ich. Er hat den Eintrag über Rossi so geändert, dass die Patenterteilung sichtbar wurde. Diese Änderung wurde innerhalb eines Tages wieder gelöscht. In den USA hat ein Leser des „Journal of Nuclear Physics" versucht, den Eintrag über Rossi zu ändern: Die Änderung war **innerhalb von Minuten** wieder gelöscht. Er hat daraufhin versucht, weiter in die Strukturen von Wikipedia vorzudringen, er kam aber nicht weit. „Die Atmosphäre ist wie im Roman von Franz Kafka ‚Das Schloss'."

Die Einträge über Rossi scheinen zentral gesteuert zu sein. Der US-Eintrag und der deutsche Eintrag unterscheiden sich kaum. In beiden wird die frühere Patentablehnung erwähnt, die Erteilung nicht. In beiden wird behauptet, Rossi sei in Italien wegen Betruges verurteilt worden, was nicht stimmt. Er hatte dort ein Verfahren entwickelt, Bio-Abfälle zu Mineralöl zu konvertieren. Das Verfahrung wurde dort auch patentiert. Er kollidierte dabei sowohl mit der Erdöl-Branche wie auch mit der Mafia, die um ihr „Entsorgungs-Monopol" fürchtete. So wurden die Ölprodukte, für die Rossi feste Abnehmer hatte, zu Sondermüll erklärt und Rossi in den Konkurs getrieben. Hier beschreibt Rossi die Entwicklung aus seiner Sicht in einem zeitlichen Ablauf:

Fernsehen und Zeitungen beginnen über die Produkte von Petroldragon zu berichten. Die US-Regierung gibt ihr Interesse an der neuen Technologie bekannt.

Der qualitative Sprung und die Übernahme der Omar-Raffinerie.

Die Omar-Raffinerie, ursprünglich eine Schmierölraffinerie, scheint ideal für die Verarbeitung von Petroldragon-Produkten geeignet zu sein.
Petroldragon: Assoziierte Unternehmen. Um eine kontinuierliche Versorgung mit Rohstoffen, d.h. Abfall, zu gewährleisten, baute Petroldragon ein komplexes Netzwerk auf und unterzeichnete Verträge mit großen italienischen Unternehmen, die große Mengen jener Abfallarten produzieren, die für die von Andrea Rossi entworfenen Umwandlungsprozesse am besten geeignet sind.

Pläne für die Zukunft

Andrea Rossi untersucht die Möglichkeit, mit seinen wiederaufbereiteten Abfallprodukten Automobile und andere Transportmittel zu betreiben.

Die Kehrtwende

Ohne Vorwarnung oder Erklärung erhalten alle sekundären Materialien wie diejenigen, die Petroldragon für seine Aktivitäten erhält und verarbeitet, den Status „giftiger Abfall".

Eine lästige Erfindung

Die Operationen von Petroldragon, die zuvor regelmäßig von der italienischen Regierung überprüft und steuerlich veranlagt wurden, wurden plötzlich für illegal erklärt.

Die Verfolgung von Petroldragon

Plötzlich schreibt das italienische Gesetz vor, dass die von Petroldragon für die Herstellung von Heizöl aus Sekundärstoffen verwendeten Materialien als Abfall zu betrachten sind.

Die Kapitulation – Ende eines Traums

Finanzielle Tragödie überwältigt Rossis Gruppe.

Die Wiedergeburt

Im Dezember 1996 emigrierte ein mittelloser Andrea Rossi in die USA und wurde bei einem auf Systeme zur Energiegewinnung aus Biomasse spezialisierten Unternehmen, der Bio Development Corporation, in Bedford, NH, angestellt.

Wie gesagt, an die Autoren der Wikipedia-Artikel kommt man nicht heran. Während jede Webseite ein Impressum hat, gibt es dies bei Wikipedia nur für die Organisation als Ganzes, nicht für die einzelnen Autoren. Sie haben Narrenfreiheit. Nicht zu vergessen ist der kleine Bruder von Wikipedia, „Psiram". Man darf Psiram getrost als ein „Denunziations-Portal" bezeichnen. Ich hatte von Prof. Alexander Parkhomov berichtet. Er hat eine makellose akademische Karriere, aber anscheinend einen Fehler: Er hat den E-Cat von Andrea Rossi repliziert. Der Eintrag bei Psiram über Parkhomov lautet: „*Alexander Georgevich Parkhomov ist ein berenteter russischer Physiker und Telepathieforscher, der behauptet, einen Fusionsreaktor erfunden zu haben, der dem inzwischen gescheiterten Fusionsreaktor Focardi-Rossi-Energiekatalysator des Italieners Andrea Rossi gleiche. Von Parkhomov vorgestellte Messergebnisse erwiesen sich inzwischen als zweifelsfrei gefälscht.*"

Die Berliner Tageszeitung schrieb kürzlich über Psiram: „*PSIRAM wurde als Webseite offenbar geschaffen durch kriminell abgehalfterte Existenzen mit zu viel Zeit, ohne Impressum, entgegen den Regularien des Netzwerkdurchsetzungsgesetzes, der Datenschutz-Grundverordnung, dem Telemediengesetz und dem Strafgesetzbuch – als Rufmordinstrument maßgeblich nur darauf ausgelegt, jede noch so krude Deutungshoheit zu verbreiten und sei es nur zum Zwecke der Verleumdung. Hierbei verstecken sich die Urheber feige hinter der Anonymität des weltweiten Internet mit einer.com Domain. PSIRAM selbst gibt vor, eine der „Skeptikerbewegung" nahestehende Website zu sein, welche sich selbst in überheblicher Manier als „Verbraucherschutzseite" und „Wiki der irrationalen Überzeugungssysteme" beschreibt. Hierbei begrüßen die Macher anonymer Autoren den überraschten Leser mit dem Satz: „Willkommen auf dem Wiki der irrationalen Überzeugungssysteme …"*

Wozu ich beitragen möchte

Dieses Buch soll zu einem Meinungsumschwung bei der Diskussion über die „Kalte Fusion" beitragen. Dieser Umschwung hat früher eingesetzt, als ich zu hoffen wagte. Er hat bereits mit dem sog. Lugano-Gutachten begonnen, setzte sich in Patentverfahren fort, löste zahlreiche positive Stellungnahmen aus und schließlich wurde dieser Trend auch von der Europäischen Kommission mitgetragen. Wir sind auf einem guten Wege, aber noch lange nicht weit genug. Die Fördermittel der EU-Programme erreichen jetzt Millionenbeträge, sind aber Lichtjahre von den Summen entfernt, die die Forschungen der „Heißen Fusion" seit Jahrzehnten verschlingen. Niemand hat den Mut zu sagen: „gönnen wir uns bei der Heißen Fusion eine Denkpause, bzw. stoppen wir sie ganz." Mir ist zuverlässig bekannt, dass selbst Beteiligte große Zweifel haben, ob die formulierten Ziele je erreicht werden können. Die hoch angesehene Publikation „Elsevier" aus den Niederlanden nennt die Vorgänge um die Heiße Fusion ein „tragisches Szenario".

Mein Appell: „Entzieht den Forschungsprogrammen der Heißen Fusion Personal und Geldmittel und schlagt sie den Forschungsprogrammen der Kalten Fusion zu". Das Ziel der Heißen Fusion war ehrenwert, aber die Kalte Fusion ist ungleich leichter zu verwirklichen und um viele, viele Größenordnungen billiger. Was liegt also näher als zu handeln?

Mit meinem Blog „coldreaction.net" hatte ich enormen Erfolg, und zwar so sehr, dass ich die Arbeit am Ende nicht mehr geschafft habe. Meine umfangreichen wiederholten Bemühungen darüber hinaus, mehr Interesse an der Kalten Fusion zu erwecken (bei Parteien, Umweltverbänden, Medien usw.) hatten nur minimale Ergebnisse. – Ich gebe ein Beispiel: Das „Institute of Electronics Engineers" ist ein weltweiter Berufsverband, ähnlich wie bei uns der nationale „VDI". Dort, beim „IoEE" schreibt man im August 2020: *„NASA Forscher demonstrieren, dass Kernfusionen in Metallen bei Raumtemperatur möglich sind". Und weiter: „Die Kernfusion ist schwer zu bewerkstelligen. Sie erfordert extrem hohe Dichten und Drücke, um die Kerne von Elementen wie Wasserstoff und Helium zu zwingen, ihre natürliche Neigung zu überwinden, sich gegenseitig abzustoßen. Auf der Erde sind für Fusionsexperimente in der Regel große, teure Geräte erforderlich. Doch Forscher des NASA-Forschungszentrums Glenn haben jetzt eine Methode zur Einleitung der Kernfusion ohne den*

Bau eines massiven Stellarators oder Tokamaks demonstriert. Tatsächlich brauchten sie nur etwas Metall, etwas Wasserstoff und einen Elektronenbeschleuniger." Dem ist wohl nichts hinzuzufügen. Ob unser „VDI" so etwas wohl liest? An mir kann es nicht liegen, ich habe den VDI mehr als einmal auf derartige Entwicklungen aufmerksam gemacht. – Reaktion: keine. Eine emotionale Barriere für viele Wissenschaftler bildet die Tatsache, dass LENR nicht Ergebnis der Grundlagenforschung ist. Hier empfehle ich, dem Physik-Nobelpreisträger Ernest Rutherford zu folgen:

„Jegliche Art von Physik ist entweder unmöglich oder trivial. Es ist unmöglich, bis Du es verstanden hast und dann wird es trivial."

Es ist genug für alle da

Die Einsteinsche Formel E=MC² verspricht unendliche Energie. Als wenn das nicht schon genug wäre – es kommt noch viel besser. So wie die Sonne nicht nur Wärme erzeugt, sondern auch Pflanzen wachsen lässt, ist es mit dem absehbaren riesigen Zugewinn an Energie nicht getan: Die Kalte Fusion lässt nicht nur Eiswüsten erblühen, sondern auch die Wüsten selbst. Ich habe jetzt übertrieben: natürlich nicht alle Eiswüsten und auch nicht alle Wüsten dieser Welt. Es geht zum einen um die Beheizung von Gewächshäusern in kalten Regionen und zum anderen um die Bewässerung von Wüstenregionen. Das geschieht natürlich zunächst in kleinem Maßstab, aber doch mit der Option zu sehr viel mehr. In Skandinavien, Russland und anderen kalten Regionen gibt es schon heute viele Gewächshäuser und sie verbrauchen Unmengen an Energie, um eine brauchbare Temperatur zu erhalten. Einfach ist das nicht, denn Glasdächer sind nicht die beste Isolierung. Durch billige Energie ließe sich die Gewächshauskapazität um ein Vielfaches steigern und selbst abgelegene Regionen könnten sich nach und nach selbst mit frischen Früchten versorgen. Ähnliches gilt für Trockengebiete in heißen Regionen. Die Meerwasserentsalzung ist eine teure Angelegenheit. Alle praktizierten Verfahren sind äußerst energieintensiv. Ist die Energie billig, lohnt sich der Betrieb solcher Anlagen sehr viel eher, der technische Aufwand bleibt aber dennoch hoch.

Hier ist ein Eintrag aus dem Internet von 2017: *„Rund 20 Millionen Kubikmeter Trinkwasser gewinnen die Golfstaaten jeden Tag aus dem Meer … Durch den Dschabal Ali Komplex direkt an der Küste strömen jeden Tag mehr als zwei Milliarden Liter Meerwasser und werden zu Trinkwasser – in etwa das Volumen von 800 Olympischen Schwimmbecken"*. Dieses Verfahren eignet sich natürlich nicht nur für die Versorgung mit Trinkwasser von Metropolen wie Dubai, sondern würde auch der Landwirtschaft in heißen Regionen enormen Auftrieb geben können.

So wie die Konflikte um das Mineralöl überflüssig werden könnten, könnten auch die Konflikte um Wasser und Nahrungsmittel rapide abnehmen. Andere Kriegs- und Konfliktgründe bleiben natürlich reichlich: Gold, Edelsteine, andere Rohstoffe, ethnische und religiöse Konflikte usw. Und ich erinnere daran: ein Prozent der jährlichen Nickelproduktion würde als „Rohstoffversorgung" ausreichen. Weitgehend unerwähnt sind bisher die möglichen Auswirkungen auf alle Verkehrssysteme geblieben: zu Wasser, zu Land und in der Luft. Batterien für Elektroautos und Reichweitenprobleme könnte man vergessen. Viel Verkehr könnte in die Luft verlagert werden, weil auch Elektrohelikopter keine Reichweitenprobleme mehr hätten. Riesentanker könnte man vergessen, die Schifffahrt würde von kleineren, schnelleren Schiffen geprägt, die nicht mehr auf ihre Treibstoffverbräuche achten müssten. Suez- und Panamakanal könnten ausgedient haben, weil schnellere Schiffe mit billigem Antrieb nicht auf diese teuren Wasserwege angewiesen wären.

Noch ein Nachsatz, ja fast schon ein Nachruf auf unsere Automobile. Ich denke, es wird nicht nur bei einer Elektrifizierung unserer Straßenfahrzeuge bleiben. Ganz abgesehen vom autonomen Fahren werden sich mit Hilfe der Kalten Fusion unsere Autos wohl komplett verändern. Dreh- und Angelpunkt ist die **Herstellung** (nicht die Speicherung) elektrischer Energie „an Bord". Denken Sie einmal an unsere früheren Fotoapparate. Ich war vor gefühlten 100 Jahren Personalchef der Rollei-Werke. Die Verlagerung der Produktion von Deutschland nach Singapur war in vollem Gange. Ein Fotoapparat hatte, je nach Komplexität, mehrere tausend Einzelteile. Heute ist es ein simpler Chip und ein oder mehrere winzige Objektive. So würde es dem Automobil auch gehen, wenn die Karosserie nicht Menschen aufnehmen müsste, die man nun einmal nicht beliebig „schrumpfen" kann. Das heißt: Man braucht diese „Karosserie-Hülle". Aber das war's dann auch schon. Die Firma Goodyear hat schon vor Jahren sog. „Kugelreifen" entwickelt. Es handelt sich hier um Gummibälle die über ein Magnetfeld frei schwebend im Radkasten gehalten werden. Alle Räder können sich beliebig und unabhängig voneinander in alle Richtungen drehen, sie übernehmen Lenkung und Federung und übertragen die Kraft auf die Straße. Solche Autos können seitlich fahren und einparken, können auch „auf dem Teller" drehen. Der Antrieb befindet sich in der Nähe oder sogar im jeweiligen „Rad". Gesteuert wird ausschließlich über die Drehrichtung der „Bälle". – Die Klimatisierung und Heizung erfolgt natürlich auch elektrisch. Was heute unmöglich erscheint, weil man so viel Energie nicht an Bord hat, könnte mit der Kalten Fusion Wirklichkeit werden.

Ja ich weiß, lieber Leser, Sie sind keine guten Nachrichten mehr gewöhnt – aber jeder kann auf seine Weise helfen, dass die beschriebenen Ziele und Möglichkeiten Wirklichkeit werden. Nicht unbedingt durch schrille Töne, sondern eher durch gezielte Information von Verwandten und Freunden, der politischen Instanzen, der Medien, Verbände usw. Ohne Druck „von unten" wird es nicht gehen. Nach über 30 Jahren setzt sich die Wahrheit über die Kalte Fusion langsam durch. Die Energieversorgung sollte mit Hilfe der Kalten Fusion dezentralisiert und damit dem Zugriff der Profiteure entzogen werden. Einzige Gewinner sollten die Umwelt und die Verbraucher sein. Die LENR-Erfinder in den USA, Japan, Russland, Schweden, Norwegen, Israel, Frankreich, England und der EU scheinen auf gutem Wege zu sein. Die Profiteure teurer und schmutziger Energien und zahlreiche willfährige Wissenschaftler und Journalisten haben die Protagonisten der Kalten Fusion über 30 Jahre „Spießruten" laufen lassen. Diese Methoden müssen ein Ende finden, vielmehr sollten alle mithelfen, dass wir das Energie-Mittelalter endlich verlassen.

Es scheint sich das Zitat des ukrainischen Professors Vladimir Vysottskii zu LENR zu bewahrheiten: **„Der Geist ist aus der Flasche und kann nicht wieder hineingesteckt werden."**

Glossar

Ich erläutere hier einige Begriffe, die für das Verständnis der Kalten Fusion/LENR von Bedeutung sind.

Alpha-, Beta- und Gammastrahlung tritt bei der **Kernspaltung** auf und hat erhebliche Auswirkungen auf die Gesundheit.

Alpha-Teilchen/Alpha-Strahlung ist eine ionisierende Strahlung, die beim Alphazerfall, einer Art des radioaktiven Zerfalls von Atomkernen auftritt. Die Alpha-Strahlung ist ein vollständiger Atomkern, der sich von seinem Mutterkern abgetrennt hat. Die biologischen Auswirkungen sind begrenzt, weil die Eindringtiefe (z. B. in den menschlichen Körper) gering ist.

Beta-Teilchen/Beta-Strahlung besteht entweder aus negativ geladenen Elektronen oder positiv geladenen Positronen. Betastrahlen können im menschlichen Körper verschiedene Krebsarten auslösen, weil die Eindringtiefe höher ist als bei der Alpha-Strahlung.

Gamma-Strahlung. Sie entsteht ebenfalls beim Zerfall von Atomkernen und ist eine besonders durchdringende elektromagnetische Strahlung, also kein „Teilchen". Sie hat eine besonders schädliche biologische Wirkung, weil ihre Eindringtiefe sehr hoch ist. Sie kann verschiedene Formen von Krebs auslösen, kann zu unkontrollierter Zellteilung führen und das Erbgut verändern.

Ionisierende Strahlung – dieser Vorgang wird auch radioaktive Strahlung oder Kernstrahlung genannt. Durch Herauslösen von Elektronen (negativ geladen) aus dem Atomkern wird dieser zum positiv geladenen Ion.

Protonen sind neben den Neutronen die Bestandteile des Atomkerns. Die Anzahl der positiv geladenen Protonen in einem Atomkern bestimmt (zusammen mit den negativ geladenen Elektronen) die Eigenschaften des daraus geformten Elementes. **Neutronen** gehören neben den Protonen zum Atomkern. Gemeinsam werden sie auch Nukleonen genannt. Das Neutron ist elektrisch neutral. Das Wasserstoffatom hat als einziges kein Neutron, sondern nur ein Proton.

Elektronen. Der Name Elektron stammt aus dem Griechischen und heißt Bernstein. (Durch das Reiben eines Bernsteins an Wolle entsteht Elektrizität). Elektronen sind negativ geladen und kommen in der gleichen Anzahl vor wie die Protonen im Atomkern. Sie „umkreisen" den Atomkern auf verschiedenen Bahnen. Diese Bahnen werden auch „Schalen" oder „Orbitale" genannt. Die Besetzung dieser Orbitale mit Elektronen bestimmt gemeinsam mit dem Atomkern die Eigenschaften der Elemente.

Kernspaltung bezeichnet Prozesse, bei denen ein Atomkern unter Energiefreisetzung in zwei oder mehr Kerne zerlegt wird.

Kernfusion ist eine Kernreaktion, bei der zwei Atomkerne zu einem neuen Kern verschmelzen.

Die **Coulomb-Barriere** ist die Kraft welche positiv geladene Teilchen (Protonen) überwinden müssen, um zu fusionieren.

Das **Periodensystem bzw. die Tafel der Elemente** zeigt sehr anschaulich die Ordnung der Elemente nach der Anzahl ihrer Protonen. (Link 43) Sie beginnt mit 1 (Wasserstoff) und endet mit Oganesson (118 Protonen). Ab Blei (82 Protonen) aufwärts sind die Elemente instabil. Die auf der Tafel „unten rechts" stehenden Elemente mit sehr hohen Ordnungszahlen sind „notorisch instabil" und brechen oft in Sekundenbruchteilen durch radioaktiven Zerfall auseinander.

Der **Massendefekt** ist die Differenz zwischen den Massen aller Nukleonen (Protonen und Neutronen) und der tatsächlich gemessenen Gesamtmasse der Kerns. Nochmal deutlicher: Würde man ein Atom als Ganzes wiegen, wäre es „schwerer", als wenn man Proton und Neutron **einzeln** „wiegen" würde. Die Differenz ist die Bindungsenergie bzw. der Massendefekt. Sie ist die Kraft, die das Atom zusammenhält. Sie wird durch Kernspaltung oder Kernfusion nutzbar.

Weitere wichtige Links

Die Links sind anwählbar unter kaltekernfusion.hpage.com/

Die Webseite „**Ecat-World**" ist wohl der aktuellste und wichtigste Blog zum Thema LENR. Link 36

Der sog. „**Rossi-Blog**" gibt tagesaktuell einen Überblick über den Stand der Entwicklungen bei Dr. Andrea Rossi: Link 37

Mats Lewan ist der schwedische Wegbegleiter von Andrea Rossi. Sein Buch „An impossible Invention" erklärt umfassend den Lebenslauf von Rossi und die Entstehungsgeschichte des E-Cat: Link 38

Die Homepage der **Leonardo-Corp.** von Andrea Rossi ist hier zu finden: Link 39

Die Homepage von **Brilliant-Light-Power** (Randall Mills) ist hier zu finden: Link 40

Die Firma **Norront-Fusion** (Prof. Leif Holmlid) ist hier: Link 41

Hier ist der Link zu **Rossis Artikel** „E-Cat SK and Long-Range Particle Interactions" auf ResearchGate: Link 10

Anhang, verfasst von Dipl. Physiker Dirk Schadach

Folgender Artikel „E-Cat SK and long-range particle interactions" aus dem Januar 2019 hat nach Aussage von Dr. Andrea Rossi eine zentrale Bedeutung für das wissenschaftliche (kernphysikalische) Verständnis des E-Cats.

Hier eine Übersetzung der Zusammenfassung (dem sog. ‚Abstract'): Einige theoretische Rahmenwerke, über die mögliche Bildung von dichten exotischen Elektronen-Cluster im E-Cat SK werden vorgestellt. Einige Überlegungen zu der wahrscheinlichen Rolle von Casimir-, Aharonov-Bohm- und Vakuumpolarisations-Effekten bei der Bildung von solchen Strukturen werden vorgeschlagen. Es werden sog. **dichte Elektronencluster** als wahrscheinliche Vorläufer für die Bildung von Protonen-Elektronen-Aggregaten im pico-metrischen Maßstab vorgeschlagen. Die Betonung liegt auf der Bedeutung der Bewertung der Plausibilität spezieller Elektron-Nukleon-Wechselwirkungen, wie bereits in [15] ausgeführt. Eine beobachtete Isotopenabhängigkeit einer bestimmten spektralen Linie im sichtbaren Bereich des E-Cat-Plasmaspektrums weist auf das Vorhandensein einer spez. Proton-Elektron-Wechselwirkung auf der Elektronen-Compton-Wellenlängenskala hin. Der Rossi-Artikel beginnt mit der Darstellung, dass die E-Cat Technologie eine ernsthafte und interessante Herausforderung für die konzeptionellen Grundlagen der modernen Physik darstellt. Besonders vielversprechend für das Verständnis dieser neuartigen Technologie ist die Erforschung der weiträumigen Teilchenwechselwirkungen. Im Abschnitt „Kernreaktionen über Entfernung" [21], betont E. P. Wigner ihre Bedeutung bei nuklearen Transferreaktionen: Die Tatsache, dass Kernreaktionen vom Typ $Au^{197} + N^{14} \rightarrow Au^{198} + N^{13}$ bei niedrigen Reaktionsenergien bei denen kollidierende Kerne nicht in Kontakt kommen, ist eine interessante, wenn auch wenig bekannte Entdeckung. In jüngerer Zeit wurde eine mögliche Doppelrolle der Elektronen bei Langstreckenwechselwirkungen vorgeschlagen in „Nukleon-Polarisierbarkeit und weitreichende starke Kraft von $I= 2-1$ Meson Austauschpotenzial [15]". Mit anderen Worten, diese beiden Ansichten befassen sich mit der Rolle der Elektronen. Eine ist als Träger des Nukleons und die andere (Ansicht) ist als Auslöser für ein weitreichendes Potential der Nukleonen.

Original introduction: The E-Cat technology poses a serious and interesting challenge to the conceptual foundati-

ons of modern physics. Particularly promising, for understanding this technology, is the exploration of long-range particle interactions. In "Nuclear Reactions in Distant" [21], E. P. Wigner highlights their importance in nuclear transfer reactions: The fact that nuclear reactions of the type $Au^{197} + N^{14} \rightarrow Au^{198} + N^{13}$ take place at energies at which colliding nuclei do not come in contact is an interesting though little-advertised discovery. More recently a possible double role of electrons in long range interactions has been suggested in "Nucleon polarizability and long-range strong force from I= 1-2-3 meson exchange potential [15]" In other words these two views deals with the electrons' role. One is as a carrier of the nucleon and the other is as a trigger for a long-range potential of the nucleon.

Was hier unscheinbar klingt, bringt eine umfassende Revolution in die Kernphysik. Eine solche Umwälzung (Paradigmenwechsel) ist in der Wissenschaft nicht beliebt, zumindest nicht gegenwärtig. Die Experten von heute haben bei einem Paradigmenwechsel viel zu verlieren ...

Quellennachweise aus „E-Cat SK and long-range particle interactions", Preprint January 2019, DOI: 10.13140/ RG.2.2.28382.48966/6

[1] V. Dallacasa and N.D. Cook. Models of the Atomic Nucleus. Springer, 2010.

[2] D. Hestenes. Hunting for Snarks in Quantum Mechanics. In P. M. Goggans and C.-Y. Chan, editors, American Institute of Physics Conference Series, volume 1193 of American Institute of Physics Conference Series, pages 115131, December 2009.

[3] Frederick J. Mayer and John R. Reitz. Electromagnetic Composites at the Compton Scale. International Journal of Theoretical Physics, 51(1):322330, 2012.

[4] Shahriar Badiei and Patrik U. Andersson and Leif Holmlid. High-energy Coulomb explosions in ultra-dense deuterium: Time-of-flight-mass spectrometry with variable energy and flight length. International Journal of Mass Spectrometry, 282(12):7076, 2009.

[5] David Hestenes. Zitterbewegung Modeling. Foundations of Physics, 23(3):365387, 1993.

[6] Leif Holmlid and Sveinn Olafsson. Spontaneous Ejection of High-energy Particles from Ultra-dense Deuterium D(0). International Journal of Hydrogen Energy, 40(33):10559 10567, 2015.

[7] David Hestenes. *The zitterbewegung interpretation of quantum mechanics.* Foundations of Physics, 20(10):12131232, 1990.

[8] David Hestenes. *Zitterbewegung in quantum mechanics.* Foundations of Physics, 40(1):154, 2010.

[9] David Hestenes. *Mysteries and insights of Dirac theory.* In Annales de la Fondation Louis de Broglie, volume 28, page 3. Fondation Louis de Broglie, 2003.

[10] Aharonov, Y. and Bohm, D. *Significance of Electromagnetic Potentials in the Quantum Theory.* Physical Review, 115:485491, aug 1959.

[11] Oliver Consa. *Helical Model of the Electron.* The General Science Journal, pages 114, June 2014.

[12] Celani, F. and Di Tommaso, A.O. and Vassallo, G. *The Electron and Occam's razor.* Journal of Condensed matter nuclear science, 25:7699, Nov 2017.

[13] Celani, F. and Di Tommaso, A.O. and Vassallo, G. *Maxwell's Equations and Occam's razor.* Journal of Condensed Matter Nuclear Science, 25:100128, Nov 2017.

[14] Di Tommaso, A.O. and Vassallo, G. *Electron Structure, Ultra-dense Hydrogen and Low Energy Nuc-*

lear Reactions. *Journal of Condensed Matter Nuclear Science*, 29:525547, Aug 2019.

[15] Carl-Oscar Gullström and Andrea Rossi. Nucleon polarizability and long-range strong force from I=2 meson exchange potential. arXiv 1703.05249, 2017.

[16] Carver Mead. The nature of light: what are photons? *Proc.SPIE*, 8832:8832 8832 7, 2013.

[17] S. Zeiner-Gundersen and S. Olafsson. Hydrogen reactor for Rydberg Matter and Ultra Dense Hydrogen, a replication of Leif Holmlid. *International Conference on Condensed Matter Nuclear Science, ICCF-21*, Fort Collins, USA, 2018.

[18] S. K. Lamoreaux. Demonstration of the Casimir force in the 0.6 to 6 micrometers range. *Phys. Rev. Lett.*, 78:58, 1997. [Erratum: Phys. Rev. Lett. 81,5475(1998)].

[19] Jean Maruani. *The Dirac Electron and Elementary Interactions: The Gyromagnetic Factor, Fine-Structure Constant, and Gravitational Invariant: Deviations from Whole Numbers*, pages 361380. 01 2018. ISBN = 978-3-319-74581-7.

[20] Paolo Di Sia. *A solution to the 80 years old problem of the nuclear force.* pages 3437, 10 2018. doi = 10.5281/zenodo.1472981.

[21] Eugene Paul Wigner, Alvin M Weinberg, and Arthur Wightman. *The Collected Works of Eugene Paul Wigner: the Scientic Papers.* Springer, Berlin, 1993.

[22] H. E. Puthoand M. A. Piestrup. *Charge connement by Casimir forces.* arXiv:physics/0408114, 2004.

[23] Norman D. Cook and Andrea Rossi. *On the nuclear mechanisms underlying the heat production by the e-cat.* arXiv:physics/1504.01261, 2015. arxiv.org/abs/1504.01261.

Der Autor

Willi Meinders wurde 1946 geboren. Nach seiner Schulzeit absolvierte er eine Banklehre und war dann zwei Jahre bei der Bundeswehr. Er wechselte danach in die Personalabteilung eines Industrieunternehmens. Weitere Stationen waren u. a.: Ressortchef Personal, Arbeitswirtschaft und Sozialpolitik in einem Industriekonzern sowie Mitglied des Vorstandes einer multinationalen Aktiengesellschaft mit dem Ressort „Personal und Recht". – Das Thema „Kalte Kernreaktion" hat sich der Autor in jahrelanger Arbeit im Kontakt mit Physikern und anderen Fachleuten selbst erschlossen.

Meinders beschäftigt sich darüber hinaus in seiner Freizeit gerne mit handwerklichen Arbeiten, aber seine eigentliche Leidenschaft gehört seit seiner Jugend der Oper und der Barockmusik.

novum VERLAG FÜR NEUAUTOREN

Der Verlag

„ *Wer aufhört besser zu werden, hat aufgehört gut zu sein!*

Basierend auf diesem Motto ist es dem novum Verlag ein Anliegen neue Manuskripte aufzuspüren, zu veröffentlichen und deren Autoren langfristig zu fördern. Mittlerweile gilt der 1997 gegründete und mehrfach prämierte Verlag als Spezialist für Neuautoren in Deutschland, Österreich und der Schweiz.

Für jedes neue Manuskript wird innerhalb weniger Wochen eine kostenfreie, unverbindliche Lektorats-Prüfung erstellt.

Weitere Informationen zum Verlag und seinen Büchern finden Sie im Internet unter:

w w w . n o v u m v e r l a g . c o m